表面缺陷视觉检测的深度学习技术

郑宏　鞠剑平　许晓航　黎曦　肖振华　著

WUHAN UNIVERSITY PRESS

武汉大学出版社

图书在版编目(CIP)数据

表面缺陷视觉检测的深度学习技术／郑宏等著 . -- 武汉:武汉大学出版社, 2024.10. -- ISBN 978-7-307-24448-1

Ⅰ. TG245

中国国家版本馆 CIP 数据核字第 2024FG1501 号

责任编辑:杨晓露　　　责任校对:鄢春梅　　　版式设计:马　佳

出版发行:**武汉大学出版社**　　(430072　武昌　珞珈山)

(电子邮箱:cbs22@whu.edu.cn 网址:www.wdp.com.cn)

印刷:武汉邮科印务有限公司

开本:787×1092　1/16　　印张:8.25　　字数:183 千字　　　插页:1

版次:2024 年 10 月第 1 版　　2024 年 10 月第 1 次印刷

ISBN 978-7-307-24448-1　　　定价:48.00 元

前　　言

产品表面缺陷检测是产品质量管控的重要一环。对国民生产的各行各业而言，生产线上质量检测的可靠与否，直接决定着产品出厂的品质、终端消费者的使用体验以及企业的信誉和形象。更加高效准确且更智能化的分类和检测方法是智能制造的重要内核。近年来，基于深度学习的方法已经在各项图像相关任务上实现了良好的性能。但目前，将深度学习应用在产品的表面缺陷分类上仍然存在不少难点，包括缺陷样本的预处理、多尺度缺陷特征的提取与表达以及复合缺陷的分类等非常具有现实意义与挑战性的关键技术。因此，找到并提出一种面向各类型表面缺陷数据集的深度学习应用方法，具有深远的现实意义和实用价值。

本书以产品表面缺陷为研究对象，使用深度学习为主要研究手段，围绕表面缺陷检测任务中所存在的一系列问题，从样本处理、特征提取到分类模型的全链路应用开展研究工作。本书主要研究内容如下：

第1章为绪论，介绍了表面缺陷的常见分类，同时介绍了目前深度学习在表面缺陷检测中应用的现状。

第2章简要介绍了机器学习、深度学习和神经网络模型相关的基本理论以及机器学习和深度学习之间的相互关系。另外还介绍了深度学习中常用的公开数据集，包括自然图像和遥感图像的公开数据集以及本书所使用的表面缺陷数据集。

第3章针对表面缺陷数据集类间样本不平衡的问题，分析了经典少数类过采样算法的问题和不足，介绍了一种全新的加权过采样算法，通过建立样本间数量、密度等的分布情况，确定每个少数类样本需要过采样的数量。

第4章针对缺陷数据集样本总量不足的问题，介绍了一种半监督式的增广方法，通过预训练粗分类器的方式进行数据增强，再结合迁移学习的方法，解决了深度模型与训练样本不足之间的矛盾。

第5章针对缺陷数据集的多尺度特征问题以及CNN模型对局部细小特征表达能力不强的现状，介绍了一种多尺度特征学习网络，通过增加网络中每个独立卷积模块和最后一层特征图的感受野多样性，改善模型对不同尺度特征的学习能力，提高模型对多尺度缺陷的分类准确率。

第6章针对缺陷数据集的多标签分类问题以及原生CNN模型缺乏对标签之间关联性学习的现状，介绍了一种特征关联网络，该网络通过建立特征图与标签之间的对应关系，抑制负响应的特征、提升正响应的特征，再通过注意力机制学习标签之间的语义关联，改善模型对多标签样本的学习能力，提升多标签样本分类准确率。

第 7 章对本书内容进行了总结，并对未来的研究方向进行了展望。

在基于深度学习的缺陷检测研究与在本书撰写过程中，得到了武汉大学图像处理与智能系统实验室全体师生的支持与帮助，在此表示感谢。本书作者还要感谢国家自然科学基金（编号 62367006）、湖北省自然基金项目（编号 2022CFB529）和江西省自然科学基金项目（编号 20232BAB202027）对本书的资助。

由于作者水平有限，书中不足之处在所难免，恳请读者批评指正。

著　者
2023 年 12 月于珞珈山

目　　录

第1章 绪 论

1.1 概述

近年来，随着信息化的发展和工业化的转型升级，制造业正朝着智能化的方向发展。2015 年国务院正式印发《中国制造 2025》，标志着制造强国战略的全面部署和推进。该战略以促进技术创新发展为主题，加速传统生产行业与人工智能、云计算、物联网、大数据等新一代信息技术的融合[1]。在智能化的生产过程中，企业利用计算机对人类专家的分析、推理、判断、构思、决策等智能活动进行高度灵活和高度集成的模拟，使人类的部分脑力工作在制造环境中得到替代和扩展。智能化生产的核心在于，通过智能设备和各种现代信息技术，实现设备、产品与人、服务之间的相互连接和沟通，实现制造、产品、服务的全面交叉渗透[2]。由于智能化生产系统的控制层和设备层往往需要调动大量测量仪器采集海量数据，而实时有效的智能检测可以辅助人们作出准确的决策，这些智能检测技术已经成为智能化生产系统的关键技术[3]。智能检测技术是设备连接、数据采集和交互的技术基础，也是实现智能化生产的关键途径[4]。

随着现代制造业和种植业的发展，人们对产品外观的关注度越来越高。无论是工业制品还是农产品，表面质量检测在产品生产制造过程中的重要性也越来越高，已经成为控制产品质量的一个关键环节。这主要体现在以下两个方面[5]：①产品表面质量影响产品的外观与视觉效果，外观的瑕疵会直接造成产品贬值。例如在印刷、包装、工艺品等行业，常常需要高度重视外观。②产品表面质量影响产品的内在质量和使用性能，甚至对深加工也有着重要影响，尤其是在半导体芯片、平板显示器、太阳能电池等行业，产品规格异常精密，对表面质量的要求也非常严格。因此，为了降低生产成本，提高生产效率和产品质量，在产品制造过程中对产品表面的宏观和微观缺陷进行全方位的在线智能检测就成为有效且必要的措施。

最初，表面缺陷检测主要依靠检测员人工监督和查验来完成，这是消除生产过程中表面缺陷、确定产品质量的传统方法，本质上是一种视觉测量。人工检测方法有非常大的局限性，主要体现在以下几个方面：①人眼的空间分辨率有限。对于小尺寸、小灰度差或复杂的缺陷背景图案，人眼难以识别，难以实现对产品缺陷的完整检测。②人眼的时间分辨率有限。在一些高速场景，不可能用肉眼完成高速在线生产检测。③人眼检测具有一定主观性。人的工作状态受情绪、经验、价值观等影响，不同的人或同一人在不同时候对同一对象的质量可能有不同判断。④劳动强度大，检测成本高，检测结果和缺陷形态不利于记录和保存，不利于企业进行信息管理和工艺改进。

为了突破传统方式的局限，行业需要一种更先进的表面缺陷检测方法。在计算机和电子产业不断发展的大背景下，机器视觉技术的出现为产品表面缺陷的线上检测和分类提供了可能。用"机器"代替人眼检测表面缺陷已成为现代工业发展的重要趋势。机器视觉表面缺陷检测[6]是采用计算机视觉技术，采集产品图像并进行视觉分析处理，检测产品表面质量是否合格，是一种非接触式的无损的自动检测方法。经典案例包括太阳能电池板表面缺陷检测[7-14]、瓶盖表面缺陷检测[15-18]、金属表面划痕检测[19-25]、纺织品检测[26-37]、薄膜晶体管液晶显示器（TFT-LCD）表面缺陷检测[38-45]、手机玻璃屏表面缺陷检测[46-48]等。基于计算机视觉的表面缺陷检测技术与人工检测相比具有以下优点[6]：①自动视觉检测系统具有更高的稳定性和可靠性，能够避免不合格产品流入市场，保证产品质量和企业信誉。②检测精度高，不仅能够给出合格或不合格这样的定性检测结果，还能够对产品的外观质量给出定量描述。③自动视觉检测技术不仅测量精度比人工视觉检测高，而且对光谱的敏感范围广。在很多存在危险、对人有伤害的场合，自动视觉检测具有不可替代的优越性。④自动视觉检测能够减小人工劳动强度，满足流水线不间歇生产的要求，从而提高生产效率。

表面缺陷自动检测技术在食品、医药、电子、汽车等行业得到了越来越广泛的应用，在保障产品质量和提高制造水平等方面发挥了巨大的作用[49-53]。表面缺陷检测的自动化和智能化不仅有利于发现生产过程中的质量问题，及时改进生产工艺，更有利于提高企业的产品价值和国际竞争力。在推动实现"中国制造 2025"的进程中，我国的生产企业需要不断自主创新，迫切需要更精确、更高效、更先进的表面缺陷智能检测技术。因此，研究表面缺陷自动分类与检测的方法并推动方法应用具有非常重要的生产价值与时代意义。

1.2　表面缺陷的常见分类

一般来说，产品表面局部区域的物理或化学性质不均匀称为表面缺陷。文献[54]和[55]给出了 31 种典型的缺陷示例，包括划伤、毛刺、裂纹、凹痕、气孔、鳞片、凸起等，并给出了缺陷的形状与定义解释。表面缺陷类别的划分具有多种标准，根据缺陷的面积大小与形状，缺陷总体上可以分为宏观缺陷和微观缺陷。宏观缺陷一般是指可以用肉眼直接识别的比较大的缺陷；微观缺陷则是难以用肉眼直接检测出来且比较小的缺陷。根据缺陷的成因，产品表面缺陷主要包括如图 1.1 所示的结构缺陷、纹理缺陷、颜色缺陷和几何缺陷等。产品表面结构缺陷是指与产品表面完整性相关的缺陷，例如划痕、裂纹、毛刺、孔洞、凹痕等。产品纹理缺陷是指产品表面纹理的破损、模糊、紊乱和扭曲等，如布匹的纹理断裂缺陷。颜色缺陷是指与产品表面颜色相关的缺陷。几何缺陷是指与产品表面形状、圆度、尺寸大小等几何特征相关的缺陷。图 1.2 和图 1.3 展示了部分结构缺陷和纹理缺陷的实际样例。

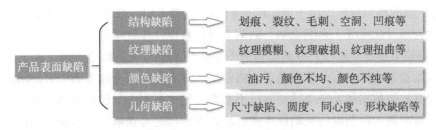

图 1.1　产品表面缺陷分类示意图

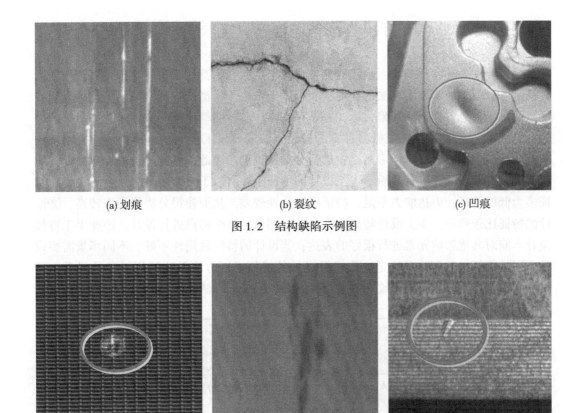

(a) 划痕　　　　　　　　(b) 裂纹　　　　　　　　(c) 凹痕

图 1.2　结构缺陷示例图

(a) 碎点　　　　　　　　(b) 污渍　　　　　　　　(c) 纹理断裂

图 1.3　纹理缺陷示例图

　　通过对产品表面缺陷分类和定义的分析可以发现，表面缺陷主要具有如下几个特点[56]：

　　(1)缺陷的稀疏性。产品表面缺陷是稀疏分布的，缺陷所占的面积及比例非常小，而且缺陷作为产品表面的异常区域，出现的概率比较低，随机性强。稀疏性是缺陷的一种普适性质。

（2）缺陷的隐蔽性。产品表面通常具有规则或不规则的纹理背景，某些缺陷具有一定的角度依赖性，只有在一定的角度下才能观察到。

（3）缺陷的难识别性。由于缺陷的面积小，位置不定，形状不一，非缺陷区域和缺陷区域之间的对比度低，边缘模糊，缺陷本身信息少，非常难以辨别。

（4）缺陷类别不平衡性。缺陷类别的不平衡性主要表现在两个方面：一方面产品表面检测数据量大，绝大部分数据属于合格范围，只有极少部分数据属于有缺陷的异常情况，因而有缺陷数据和无缺陷数据间极不平衡；另一方面由于各种缺陷出现的概率不一样，出现概率高的可获取的缺陷样本多，出现概率低的可获取的样本少，因而异常产品中不同缺陷类别间数据不平衡。

1.3　深度学习在表面缺陷检测中的研究现状

尽管存在各种各样的表面缺陷检测方法，但这些技术都旨在为图像构建模板或提取特征。可以说，缺陷检测算法的性能很大程度上取决于模型或特征对缺陷特性的表达程度。而对于各色各样表面缺陷目标，并不存在唯一的、明确的指导方针来选择最佳的表达。如图 1.4(a)所示，传统机器视觉的检测方法需要人工提取和选择特征，再输入到模式分类器或者浅层机器学习网络中进行分类和识别。因此，研究人员的专业判断和先验知识是其成功的关键。然而，人工设计的特征主要有以下三个不足之处：①设计的特征多为低层特征，表达能力不足，特征可区分性较差，从而使得分类错误率较高；②设计的特征比较单一，手工设计特征通常只针对图像的某个特点进行设计，因此手工特征设计不能对其他影响元素进行很好的表达；③设计的特征通用性不好，不同场景需要设计不同的特征，因为针对特定应用场景设计的特征提取方法无法适用于其他场景。可见，探索并提出适用于各种纹理的通用性表面缺陷检测方法具有相当大的挑战性，且迫

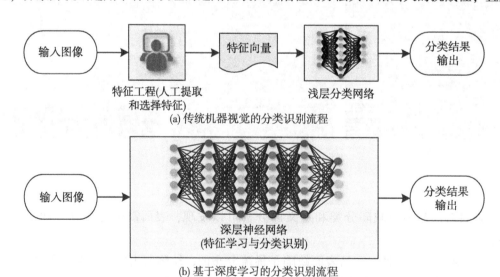

(a) 传统机器视觉的分类识别流程

(b) 基于深度学习的分类识别流程

图 1.4　两种分类识别方法的比较

在眉睫。

基于深度学习的缺陷分类与识别方法便很好地契合了这一需求，它通过深层神经网络对图像和缺陷的特征进行自适应的学习，并通过特定的分类器输出结果，算法流程如图 1.4(b) 所示。近年来，基于深度学习的方法已经在诸如目标识别之类的图像相关任务上体现了良好的性能[57]。在不断推进深化人工智能应用的今天，深度学习已经广泛应用到智能化生产的方方面面。

1.3.1　深度学习在表面缺陷检测中的应用场景

随着物联网、大数据等创新技术的应用，智能设备开始对整个制造行业产生深远的影响。得益于各式各样传感器的部署，今天的制造业正经历着前所未有的数据爆发。传感数据可能来自生产企业的方方面面，包括生产线、制造设备、制造过程、人员活动和环境条件等。可见，面向大数据的分析和建模已经成为智能化生产的一个重要组成部分，肩负着处理日益增加的海量数据的重任[58]。

而深度学习作为连接海量传感数据与智能化生产的一个桥梁，近年来开始受到越来越多的关注。通过对传感数据的深挖，深度学习能在数据挖掘、模式识别甚至自主决策上发挥重要作用。根据实际用途的不同，深度学习对数据的分析和建模可以被归纳为以下四个层面[59]：①描述性分析，即通过捕获产品状态、环境和操作等参数来总结当前正在发生的事情；②诊断性分析，即当产品性能下降或设备发生故障时，检查出问题的根源并形成报告；③预测性分析，即利用现有的历史数据，对未来生产或设备可能出现的退化作出预测；④规范性分析，它不仅可以推荐一个或多个用于改进生产结果或纠正问题的企业生产或运营的指令，还可以量化每个决策的可能结果。正是基于深度学习提供的这些先进理念和分析建模，传统制造业正在悄然向智能制造、管理一体化转变。其带来的具体优势包括降低企业运营成本、紧跟市场需求变化、提高生产率、减少停机时间，进而从运营中获取更多的价值，提高企业的核心竞争力。

深度学习作为一种新兴的大数据分析和建模技术，近年来在各行业生产和管理中的诸多环节得到了很好的应用。在表面缺陷检测领域，深度学习的应用场景包括制造业中工业品的表面缺陷检测和种植业中农产品的表面病害分析，如表 1.1 所示。下面就这两方面的应用现状进行深入介绍。

表 1.1　　　　　　　　　深度学习模型在表面缺陷检测中的应用场景列举

深度学习模型	应用场景	应用案例
卷积神经网络(CNN)	工业品表面缺陷检测 农产品表面病害分析	文献[60]~[71] 文献[91]~[115]
深度自信网络(DBN)	工业品表面缺陷检测	文献[72]~[79]
自编码器(AE)	工业品表面缺陷检测	文献[80]~[90]

1）工业品表面缺陷检测

按照所使用的深度学习模型划分，这类研究主要包括：①CNN：它最初就是为了进行图像分析而设计的，因此非常适合于表面集成检测中缺陷的自动识别。Weimer 等人[60]设计了一种深度卷积神经网络架构，并基于反向传播和随机梯度下降算法对超参数进行了优化。Ren 等人[61]提出了一种最大池卷积神经网络，可以直接从缺陷图像的像素表示中提取特征，与多层感知器和支持向量机相比，其错误率更低。Masci 等人[62]采用卷积神经网络对图像分析进行研究，自动检测零件表面的污垢、划痕、毛刺和磨损。实验结果表明，该方法能较好地处理不同类型的表面缺陷。Park 等人[63]则提出了一种基于 CNN 的通用方法，通过阈值化和分段来提取区块特征并预测缺陷区域。结果表明，预训练的 CNN 模型在小数据集上运行良好，提高了自动表面检测系统的检测精度。类似的工作还包括在轴承[64-67]、齿轮箱[68-69]、风力发电机[70]、转子[71]等产品上的应用。②DBN：具有推理速度快、能对高阶网络结构进行编码的优点，因此已被应用于飞机发动机[72]、化工过程[73]、往复式压缩机[74]、滚动轴承[75-76]、高速列车[77-78]、风力涡轮机[79]等的缺陷检测中。③AE：被用于非监督特征学习，并将学习到的特征输入传统的机器学习模型中进行模型训练和分类。Jia 等人[80]提出了一种五层深度神经网络，该网络利用 AE 获得的特征信息来进行不同工况下的行星齿轮箱缺陷诊断。类似的应用还包括 SAE[81]、DAE[82]、CAE[83]等不同的变体。

2）农产品表面病害分析

在这一类的应用场景中，研究人员几乎清一色地使用了基于 CNN 及其变种的模型和架构。Sladojevic 等人[91]基于 CaffeNet 的架构，使用全新的训练模型，实现了 13 类作物叶片的分选和病害分析。Mohanty 等人[92]则采用了基于 CNN 的迁移学习方法，实现了 14 类果蔬共 26 种病害的检测和分类，且获得了较高的准确率。Amara 等人[93]则采用了基于 LeNet 的架构实现对香蕉叶片的病害检测，同样获得了不错的检测精度。除此之外，深度学习在种植业中的应用还包括植物[94-97]和果蔬分类[98-101]、杂草检测[102-109]、土壤分类[110-113]、作物收成估计和[114]天气预测[115]等，几乎涵盖了农业生产的各个环节，为推动和深化新农业的技术革新注入了新鲜的血液。

1.3.2 基于深度学习的表面缺陷检测难点及分析

在实际生产中，企业往往更关心产品的表面或包装是否存在缺陷以及存在哪些缺陷。因此，本书更专注于基于深度学习的表面缺陷分类研究，这更有现实意义和实用价值。CNN 作为原生面向二维图像处理的深度学习架构，被各国的研究和工程人员视为产品表面缺陷分类的首选架构。然而，目前将 CNN 应用于该领域仍然存在不少难点与挑战。包括但不限于以下几点：

（1）缺陷样本数量不平衡。作为一种大数据驱动的技术，深层的神经网络往往需要海量的数据来做训练，才能获得稳定、准确的分类性能。然而，各类表面缺陷发生的概率通常参差不齐，导致正样本和缺陷样本之间以及不同类别的缺陷样本之间，都存在数量不平衡的问题。

（2）缺陷样本总量不足。由于缺陷具有稀疏性，在实际生产中发生的概率通常很低，这使得样本总量严重不足。

（3）对多尺度表面缺陷的特征表达能力不足。不同缺陷之间的外形尺寸差别可以非常巨大，而经典 CNN 模型更偏向对宏观的、抽象的特征进行表达，对局部的、细小的缺陷特征表达能力不强。

（4）对复合表面缺陷的分类能力不强。每一类产品缺陷都有其特定的形成原因，而某些相对复杂的缺陷往往同时表现出两到三类简单缺陷的纹理特性。经典 CNN 模型通常将一张图像视为不可分割的一个实例来进行特征提取，且容易忽视不同缺陷之间的内在联系。因此，CNN 模型对复合缺陷的分类能力不强，不利于企业及时发现缺陷背后的工艺问题。

可见，在计算机视觉和深度学习不断发展的今天，想要找到一套能够解决大部分产品表面缺陷分类与检测问题的方案，依然不是一件轻而易举之事。样本数量与质量的预处理、多尺度缺陷特征的提取和表达以及复合缺陷的分类是其中非常具有挑战性的关键技术与难点。因此，本书试图找到一种面向大部分表面缺陷分类的深度学习框架，而这也是机器视觉和深度学习发展过程中尤其重要且不可回避的问题。

1.4 本书主要内容和结构

1.4.1 主要研究内容

本书以产品表面缺陷为研究对象，使用基于深度学习的方法为主要研究手段，围绕表面缺陷分类任务中所存在的一系列问题，从样本处理、特征提取到分类模型的"端到端"全链路应用开展研究工作。在缺陷样本的增强方面，研究基于样本分布统计的少数类加权过采样方法以及半监督式的数据增广方法，以解决数据集类间样本不平衡和样本量不足的问题；在缺陷特征的提取方面，研究多尺度的特征提取网络，以解决表面缺陷的多尺度特征表达问题；在缺陷分类的模型构建方面，研究基于注意力机制的特征关联网络，以解决多标签的缺陷样本分类问题。本书主要研究内容如下：

（1）基于样本分布统计的少数类过采样算法。

在实际生产中，缺陷发生的概率通常很低，这使得缺陷样本数量严重不足；同时，造成不同缺陷的工艺或环境原因不尽相同，导致各类缺陷出现的概率也各不相同。这两点使得正品样本与缺陷样本之间以及各类缺陷样本之间都存在数量不平衡的问题。为了解决这一问题，本书研究基于样本分布统计的少数类加权过采样算法，通过建立样本间数量、密度等的分布情况，确定各少数类的过采样权值，以达到均衡样本类别的目的。主要研究内容包括：有效样本集的确定、样本分布的量化与统计以及新样本合成方法的研究。

（2）基于半监督式数据增广方法和迁移学习的卷积神经网络算法。

在深度学习的分类任务中，训练数据量的丰富与否直接决定了特征学习的完备性和分类器的准确性。在大多数情况下，缺陷样本的总量并不足以应对深度模型对训练数据的需求。为了解决这一问题，本书研究基于半监督式数据增广方法和迁移学习的卷积神经网络算法。其中，半监督式数据增广方法通过预训练一个粗分类器的方式，定位原始样本中的缺陷目标，并以此为基础进行随机裁剪和数据增强。另外，研究迁移学习中网络结构、特征和参数的共享模式，以解决大体量模型和小样本之间的矛盾。主要研究内容包括：缺陷目标位置的确定、缺陷特征形态的保留以及深度迁移学习的应用。

（3）基于双模特征提取器的多尺度特征学习网络。

在实际生产中，同一种产品不同缺陷类型之间的外形尺寸可能存在较大差别，而一般基于深度学习的分类或检测网络往往只包含若干个特定尺度的感受野，不能兼顾所有尺度的缺陷。为了解决这一问题，本书研究基于双模特征提取器的多尺度特征学习网络。通过使用两种不同的卷积模块搭建特征提取网络，在增加特征感受野多样性的同时减少计算量，并通过合并具有不同尺度感受野的中间层特征图，增加最后一层特征图谱感受野的丰富性，最终达到更均衡的多尺度特征学习能力。主要研究内容包括：双模特征提取器的设计、多尺度特征图的合并与连接以及网络训练效率的优化。

（4）基于注意力机制的特征关联网络。

出于自然条件或生产工艺的原因，单个产品（样本）往往包含不止一种缺陷类型；而不同类别的缺陷之间往往在形态和纹理上互相依存、互为一体。对同一个实例中的不同特征，原生 CNN 模型往往不能很好地分割对待，缺乏对标签之间关联性的学习。为了解决这一问题，本书研究基于注意力机制的特征关联网络。通过构建特征提取模块、多标签特征分离模块、特征抑制与激活模块以及多标签特征关联学习模块，增强模型对标签之间语义关联的学习和表达。主要研究内容包括：特征与标签对应关系的建立、负响应特征的抑制以及特征关联性的学习。

1.4.2　本书使用的表面缺陷数据集

本书专注于使用深度学习的方法进行表面缺陷的分类，因此需要找到直接面向产品表面缺陷所建立的公开数据集。如前所述，目前，使用深度学习进行表面缺陷分类的应用场景包括工业品的表面缺陷分类和农产品的表面病害分析。工农业产品的表面缺陷主要具有以下特性：

（1）工业品，得益于其流程化、规范化的生产工艺，产品之间差异性极小，次品率低，其表面缺陷往往具有稀疏性且难以采集；

（2）农产品，由于其生长环境受控程度低，产品次品率较高，表面缺陷的复杂度高。

这两类产品的表面缺陷几乎囊括了目前所有表面缺陷可能出现的形态和性状特征。因此，为了进一步分析与论证所提方法的可行性与普适性，本书从当前所有的表面缺陷公开数据集中，选择了 5 个在各项特性上更具代表性的数据集进行实验，各数据集的具体情况如表 1.2 所示。

表 1.2 　　　　　　　　　　　**本书所用的表面缺陷数据集特性及来源说明**

数据集名称	纹理缺陷	颜色缺陷	样本不平衡（第 3 章研究目标）	样本总量不足（第 4 章研究目标）	多尺度特征（第 5 章研究目标）	多标签分类（第 6 章研究目标）	图像内容	数据来源
PlantVillage数据集		✓	✓				农产品	公开
磁瓦表面缺陷数据集	✓		✓		✓		工业品	公开
铁轨表面缺陷数据集	✓		✓	✓			工业品	公开
红枣品质缺陷数据集		✓	✓	✓		✓	农产品	自建
滚子表面缺陷数据集	✓		✓	✓	✓	✓	工业品	自建

PlantVillage 数据集[154]由宾夕法尼亚州立大学建立并公开，涵盖了 14 种植物叶片共 54305 张图像，针对每一种植物又细分为若干个不同的健康或病害类别。该数据库的建立最初是为了研究如何根据植物叶片图像来预测作物病害。

磁瓦表面缺陷数据集[188]是由中国科学院自动化所收集并公开的数据集，用于对磁瓦表面缺陷的分类与检测研究。包括无缺陷样本在内，该数据集含有 6 个类别共 1344 张图像。

铁轨表面缺陷数据集[182]由北京交通大学建立，收集了火车铁轨表面各种形态的结构断裂和缺陷样本，用于铁轨自动化检修的研究。数据集原有合格样本图像 504 张，缺陷样本图像 124 张。

红枣品质缺陷数据集是本书在前期与农产品加工企业的横向合作研究中所搜集和建立的一个数据集，主要用于红枣干制品的分选研究。该数据集共包含 8 个标签类别，分别是：良品、果锈、黑头、脓烂、裂口、黄皮、脱皮和鸟啄。其中包含单标签样本图像 660 张，多标签样本(包含两种以上缺陷)图像 1270 张，合计样本图像数 1930 张。

滚子表面缺陷数据集[183]是本书在与空调压缩机生产企业的合作研究中所搜集和建立的数据集，主要用于其自动化视觉检测研究。由原始图像经过圆环展开、滑窗切割、图像增强等预处理后制作而成。该数据集共包含 11 个标签类别(2 类合格样本，9 类缺陷样本)，分别是端面完好、端面缺口、端面铣槽、端面刮痕、端面污点、断面严重断裂、倒角完好、倒角缺口、倒角铣槽、倒角刮痕、倒角污点。

这些数据集中既包含工业品和农产品的代表性样本，也区分了纹理缺陷和颜色缺陷两种缺陷类型，并且不同数据集内部样本数量、分布、标签情况也不尽相同，能够最大限度地验证所提方法的适用性，并与目前最先进的方法进行横向比较。

1.4.3　本书组织结构

本书组织结构如图 1.5 所示，各章内容安排如下：

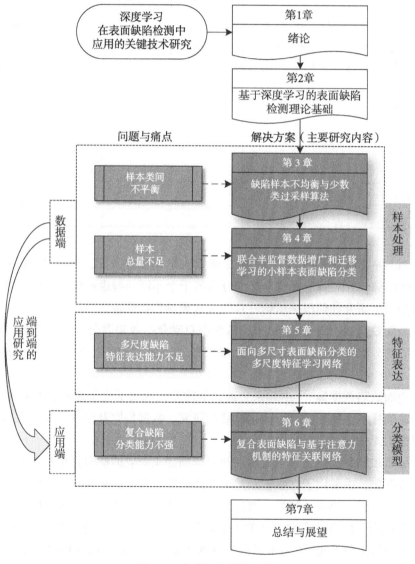

图 1.5　本书组织结构安排

第 1 章，绪论。简要介绍了产品表面缺陷分类的研究背景与立题意义，分析了当前传统表面缺陷分类研究的现状与面临的问题，探讨了深度学习和智能制造的发展现状及与表面缺陷分类的联系，最后提出了本书的主要研究内容，并介绍了本书使用的表面缺陷数据集和本书的组织结构。

第2章，基于深度学习的表面缺陷检测理论基础。简要介绍了机器学习、深度学习和神经网络模型相关的基本理论以及机器学习和深度学习的相互关系。重点介绍了深度学习中的三要素：模型、损失函数和优化算法。最后介绍了深度学习中常用的公开数据集，包括自然图像和遥感图像的公开数据集以及本书所使用的表面缺陷数据集。

第3章，缺陷样本不均衡与少数类过采样算法。针对表面缺陷数据集类间样本不平衡的问题，分析了经典少数类过采样算法的问题和不足，提出了一种全新的加权过采样算法，依据样本间数量、密度等的分布情况，确定每个少数类样本需要过采样的数量。

第4章，联合半监督数据增广和迁移学习的小样本表面缺陷分类。针对缺陷数据集样本总量不足的问题，提出了一种半监督式的增广方法，通过预训练粗分类器的方式，协助进行数据增强，再结合迁移学习的方法，解决训练样本不足的问题。

第5章，面向多尺寸表面缺陷分类的多尺度特征学习网络。针对缺陷数据集的多尺度特征问题以及 CNN 模型对局部细小特征表达能力不强的现状，提出了一种多尺度特征学习网络，通过增加网络中每个独立卷积模块和最后一层特征图的感受野多样性，改善模型对不同尺度特征的学习能力，提高对多尺度缺陷的分类准确率。

第6章，复合表面缺陷与基于注意力机制的特征关联网络。针对缺陷数据集的多标签分类问题以及原生 CNN 模型缺乏对标签之间关联性学习的现状，提出了一种特征关联网络，该网络通过建立特征图与标签之间的对应关系，抑制负响应的特征，提升正响应的特征，再通过注意力机制学习标签之间的语义关联，改善模型对多标签样本的学习能力，提升多标签样本分类准确率。

第7章，总结与展望。从研究内容和创新性等方面，对本书内容进行了总结，并对未来的研究方向进行了思考和展望。

第2章 基于深度学习的表面缺陷检测理论基础

包含多个隐藏层的多层感知机在 20 世纪 80 年代就由 Hinton 提出来，这被认为是深度网络的最初形态。当时已得出提取更深层特征可以提高分类精度的结论。但限于数据量和计算能力的不足以及未能解决好参数训练和优化问题，机器学习在之后的很长时间都停留在浅层学习的阶段。随着软硬件技术的不断发展，特别是 GPU 计算能力的不断提升以及互联网的普及，使得数据的获取变得更加方便，Hinton 等人[128]发现，多层前馈神经网络可以通过逐层预训练再微调的方式进行有效的学习，这打开了深度学习研究的大门。之后，研究人员又相继提出了各种方法试图解决多层深度网络的参数优化问题。随着深度神经网络在语音识别[125]和图像分类[155]等任务上的成功应用，以神经网络为基础的"深度学习"(Deep Learning)迅速崛起。

这些年，深度学习发展迅猛，有力推动了人工智能诸多领域的进步。深度学习在本质上是机器学习众多分支中的一个，主要以神经网络作为基础。为了给本书后续章节打下基础，本章主要介绍深度学习的基础理论以及面向表面缺陷分类的常用模型。

2.1 表面缺陷分类的深度学习基础

机器学习(Machine Learning)，通常是指从有限的样本数据中学习出具有一般性的规律并将该规律推广应用到新获得的样本上的方法[125]。深度学习也是如此，通过已有的样本，使神经网络模型学习到能泛化到新样本上的规律。但与一般机器学习相比，深度学习的模型通常比较复杂，体现在对原始样本进行的非线性变换次数更多，目的是使模型学习到更深层次、更抽象的一般性特征[57]。

传统的机器学习通常需要有经验的特征工程师来选择适合且有效的特征。可以说，数据预处理、特征选择和提取的好坏直接决定了传统机器学习模型的性能表现。而深度学习是将表示学习和预测模型的学习进行端到端的学习，如图 1.4(b)所示，中间不需要人工干预。可见，深度学习的关键在于设计深层神经网络参数化训练的策略和算法。因此，深度学习的目标是跳过单调乏味的特征工程，将传统的神经网络进行参数化设计。

2.1.1 基本要素

机器学习中的基本要素包括：样本、特征、标签、模型和学习算法。样本是指研究中观测的部分个体，特征是对样本特性的数据描述，标签是通过分类等方法为样本标记出的特殊标识。一组样本的集合即数据集，机器学习中，数据集一般可分为三种：训练集、验证集和测试集，训练集用于训练模型，从而得到相应的参数。这组参数不一定是最优，因此需要验证集，用以初步评估并优化模型。而测试集是用来检验模型最终的推广和泛化能力的。

图 2.1 给出了机器学习各要素的关系。对于一个给定的预测任务，假设输入特征向量为 x，输出标签为 y，选择一个函数 $f(x, \theta)$，通过学习算法 A 和一组训练样本 D，找到一组最优的参数 θ'，得到最终的模型 $f(x, \theta')$。这样，就可以对预测样本中的输入特征向量进行预测。进一步地，机器学习方法可以抽象为以下三个要素：模型、学习准则(又称损失函数)和优化算法。同样，深度学习的方法也包含这三个抽象要素。

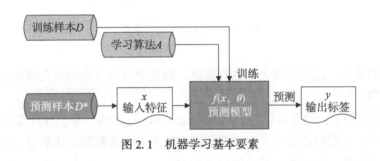

图 2.1 机器学习基本要素

2.1.2 基本模型

深度学习按照模型的架构设计，大致可以分为概率图模型和神经网络模型。早期深度学习的模型结构，更多采用的是概率图模型，它通过图结构表示模型输入变量之间的联合概率分布；随着技术的发展，神经网络模型成为深度学习更主流的模型结构，它是模拟人类神经网络的模型，通过连接大量简单的神经元，形成可以处理复杂问题的网络系统。

基于概率图模型的深度学习模型主要包括：受限玻尔兹曼机、深度信念网络、生成对抗网络等；而基于神经网络模型的深度学习模型则主要包括：多层感知机、自编码器、卷积神经网络、循环神经网络等。它们的关系如图 2.2 所示。需要说明的是：①这两种模型并不只运用在深度学习中，也可以用在机器学习中，其在深度学习中的特点是有更多的隐层；②相比于其他机器学习，训练参数过多的问题更易在深度学习神经网络中解决，深度学习拥有拟合出任意函数的特点，目前大多数主流的概率图模型如生成对抗网络、变分自编码器等其中的参数都由神经网络训练得到。

2.1.3 损失函数

不论是机器学习，还是深度学习，在确定了模型架构之后，在具体的训练过程中都需要制定一个准则来衡量模型预测和训练效果的好坏，如果预测效果不佳，则应当对该

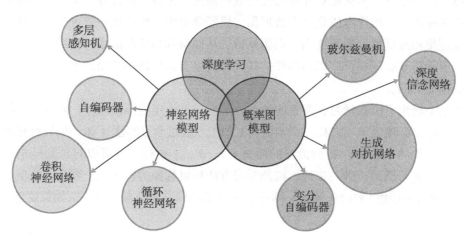

图 2.2　深度学习主要模型

参数组合适当惩罚，这就是损失函数的价值。深度学习里常用的损失函数总体来说可以分为以下三种：

（1）以回归为主：均方根误差（Mean Square Error，MSE）等。与分类问题的离散预测结果相对应，回归问题要在一个连续范围内给出一个实数的具体数值。回归问题常用均方误差函数作为损失函数，其可以定义为：

$$MSE(y, y') = \frac{\sum\limits_{i=1}^{n}(y_i, y_i')^2}{n} \tag{2.1}$$

其中，y_i 是第 i 个数据的真实值，y_i' 是神经网络对第 i 个数据输出的预测值。

（2）以分类为主：Softmax 交叉熵。熵就是对信息量求期望值：

$$H(X) = -\sum_{x \in X} p(x) \log p(x) \tag{2.2}$$

Softmax 函数可用于归一化处理，其处理后的结果在 $[0, 1]$ 之间，可以看作预测概率，Softmax 函数用在分类问题中，所计算得到的某个类别的预测概率越大，该样本越可能被归到这一类。Softmax 交叉熵损失函数是目前卷积神经网络中最常用的分类目标损失函数，其可以定义为：

$$L = -\sum y_i \ln a_i \tag{2.3}$$

$$a_i = \frac{e^{z_i}}{\sum\limits_{k} e^{z_k}} \tag{2.4}$$

其中，a_i 是模型输出的概率分布向量。

（3）KL 散度、JS 散度等。KL 散度（也称为相对熵）用于比较两个概率分布的接近程度，常用于深度学习中的生成模型，如生成对抗模型、变分自编码器等，KL 散度的定义如下：

$$KL(P \parallel Q) = \sum_{i=1}^{N} p(x_i) \log \frac{p(x_i)}{q(x_i)} \qquad (2.5)$$

其中，P 和 Q 分别代表两个概率分布，$p(x)$ 和 $q(x)$ 是 P 和 Q 对应的概率密度函数。

JS 散度是 KL 散度的一种变形。JS 散度的值域范围是[0, 1]，相同则是 0，相反则为 1。KL 散度不具有对称性，当输入的两个分布对调后，计算出的 KL 散度不一致，这在实际运用上可能不合理。而这个问题可以很好地用 JS 散度解决，其可以理解为标准化的 KL 散度，具有对称性：

$$JS(p \parallel q) = \frac{1}{2}KL\left(p(x) \parallel \frac{p(x)+q(x)}{2}\right) + \frac{1}{2}KL\left(q(x) \parallel \frac{p(x)+q(x)}{2}\right) \qquad (2.6)$$

2.1.4 优化算法

当输入的训练集、模型的损失函数确认后，如何找到最优的模型（模型架构、模型参数）即为最优化问题，事实上，深度学习的训练过程就是在求解一个最优化问题。神经网络的层数越深，所能解决的问题越复杂，但是当网络层数加深时，也会带来一系列的问题，目前对于深度学习来说，有三个问题需要解决：

(1)非凸优化问题，即优化函数越来越容易陷入局部最优解。在深度学习的求解过程中，有两种情况会导致该问题的出现：一是目标函数误将局部极小值当作全局最小值；二是当前优化进程处在鞍点附近。由于大多数深度学习模型参数都是高维的，因此，第二种情况出现的可能性更大，解决该问题的方法主要有以下几种：

①随机梯度下降法（Stochastic Gradient Descent，SGD）。梯度下降法是机器学习中最常用的优化算法，而随机梯度下降法是在每次迭代时只采集一个样本，计算这个样本损失函数的梯度并更新参数。SGD 的思路为在梯度下降的方向上加入随机噪声。当目标函数非凸时，SGD 可以避开局部最优点[135]。然而 SGD 的一个缺点是其算法过程难以并行化，小批量梯度下降法（Mini-Batch Gradient Descent）正是基于这一痛点的折中考量。每次迭代时，梯度的计算和参数的更新只限于随机选取的小部分训练样本，这样做兼顾了 SGD 的优点和计算效率。在实际应用中，小批量随机梯度下降方法有收敛快、计算开销小的优点，因此逐渐成为深度学习中的主要优化算法[136]。

②学习速率的调整。学习速率是用于调整参数更新速度的超参数。学习速率越低，参数更新速度越慢。调整学习速率可以一定程度解决非凸优化问题。手动调整学习速率的方法主要在小批量 SGD 中引入衰减因子，使学习速率依照一定规律逐步降低。常见的衰减规律包括线性衰减和指数衰减。另外，AdaGrad、AdaDelta、RMSprop、Adam 等方法可自适应调整学习速率。

③动量法（Momentum）。动量法的灵感来自物理学的惯性现象，即运动的变化会受到之前速度和方向的影响。运用到梯度下降过程，当前梯度的更新方向与历史梯度方向密切相关。用数学表达，即当前梯度下降方向，由历史梯度方向和当前梯度方向加权求和而得。如此可提升优化算法的稳定性，在一定程度上避免局部最优。

(2)梯度不稳定问题。该问题包括梯度消失、梯度爆炸。梯度消失指在深度网络中，从后向前看梯度会越来越小，也即前层的学习明显比后层学习慢；相反，当网络层数较深且参数初始值太大时，容易出现梯度爆炸。目前主要有以下方法解决上述问题：

①预训练加微调。此方法的基本思想是先对各隐藏层逐层"预训练"(Pre-training)。预训练是采用非监督的方式进行。在所有隐藏层的预训练完成后，再对整个网络的参数用有监督的方式进行"微调"(Fine-tuning)。

②梯度剪切。梯度剪切主要是为了解决梯度爆炸。在梯度更新时，将新梯度值强行限定在预先设定的阈值内，从而防止梯度爆炸。

③使用 ReLU、LeakyReLU、ELU 等导数为 1 的激活函数，从而一次性解决梯度消失和梯度爆炸的问题。

④改进网络结构。比如使用残差结构、LSTM 结构等。

(3)过拟合问题。一般来说，当模型太复杂、网络参数太多但训练样本又不够时，会出现拟合的模型在训练样本中效果很好但对测试集的推理结果很差的情况，即模型的泛化能力不好。避免过拟合的方法有很多：数据集增广(Data Augmentation)、Dropout、权重正则化、批量规范化(Batch Normalization，BN)等。

①数据集增广主要用于解决深度网络与小样本之间的矛盾，即人为地向原始样本中添加扰动和噪声来扩充原有数据集。传统的增广方法包括图像平移、旋转、翻转、变形、裁剪和色彩空间变换等，在图像分类与识别的案例中有着广泛的运用。

②Dropout，顾名思义，在深度网络的训练中，人为地随机将部分神经元的值置 0，使得这些置 0 的神经元不参与模型的更新与迭代。从宏观来说，模型的组成在每次训练时都不同，从而有效降低神经元之间的依赖关系，起到防止过拟合的效果。

③权重正则化。正则化包括 L1 正则化和 L2 正则化，核心思想都是通过减少模型复杂度来避免过拟合情况的出现。在实际运用中，L2 正则化使用更多，其方法是在原有损失函数后加入正则项 $\lambda \theta_i^2 / 2$，其中 θ 是待学习参数，λ 用于控制正则化的程度。与之类似的，L1 正则项为 $\lambda |\theta|$。使用 L1 正则化的额外好处是使模型参数包含 0 和非 0 值，起到降维、去噪的效果。另外，L1 正则化和 L2 正则化也可以联合使用，即形式为 $\lambda_1 |\theta| + \lambda_2 \theta_i^2 / 2$。

④批量规范化。当网络深度较深时，网络各层输出值不再均匀分布，会逐渐集中到上下限边缘，导致网络前期的梯度值逐渐变小。BN 的核心思想是对样本数据进行规范化(也叫归一化)处理，使深度网络中每层神经元的输出值重新变回均值为 0、方差为 1 的正态分布。如此一来，在整个训练过程中，在网络的整个深度范围内，损失函数的值依然能够随输入变化而变化，维持误差的反向传播，确保了训练的稳定性和效率。

2.2　深度学习在表面缺陷检测中的经典模型与架构

为了方便后续章节的讨论，下面列举几种经典的深度学习架构，包括卷积神经网络、受限玻尔兹曼机、自编码器、循环神经网络及其变体。在讨论过程中，本书更强调架构的特征学习能力和模型构建机制，因为这些架构是构建更全面、更复杂的深度学习技术的基础。

（1）卷积神经网络。卷积神经网络（Convolutional Neural Network，CNN）最初是针对二维图像处理提出的一种多层前馈人工神经网络[127]。近年来，它被用于包括自然语言处理和语音识别在内的一维序列数据分析。在卷积神经网络中，特征学习是通过交替叠加的卷积层和池化层来实现的。卷积层使用多个局部卷积算子来与原始输入数据进行卷积，生成相应的局部特征。随后的池化层通过池化操作（如最大池化和平均池化）以固定长度的滑动窗口提取原始输入数据中最显著的局部特征。例如，最大池化是选择特征图谱中局部区域的最大值作为最显著的特征，此方法适合提取稀疏特征；平均池化则是计算该局部区域的平均值，并将其作为该区域的池化值。需要提到的是，某一种池化操作并不能做到对所有样本都是最优的。

在多层特征学习后，全连接层将二维特征映射转化为一维特征向量，并将其作为Softmax 函数（分类器函数）的输入进行建模。如图 2.3 所示，通过对卷积层、池化层和全连接层的搭建，即可构造出一个典型的 CNN 架构。而其中参数的优化和迭代则通过梯度值的反向传播来实现，目标函数则通常使用最小均方误差或交叉熵损失函数。相比于传统的全连接网络，CNN 架构的优势包括局部连接的稀疏表示、更少的参数量以及不依赖于目标位置的特征表示形式。

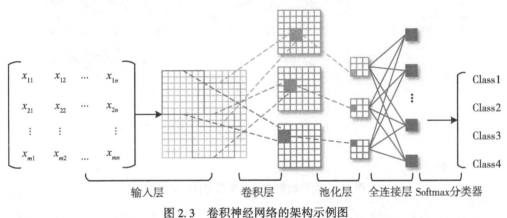

图 2.3　卷积神经网络的架构示例图

（2）受限玻尔兹曼机。受限玻尔兹曼机（Restricted Boltzmann Machine，RBM）作为一个双层神经网络，包含可见层和若干隐含层。可见层和隐藏层之间存在对称连接，但同一层内的每个神经元之间没有连接。RBM 是一种基于能量的模型，其中可见层用于输入原始数据，隐含层用于特征提取。所有隐藏节点在一定条件下都可视为独立存在的。两层的权值和偏移量通过迭代进行调整和优化，以使可见层的输出尽可能接近原始的输入。

RBM 将隐含层中的参数作为特征来描述输入数据，实现数据编码和降维；然后利用监督学习方法，如逻辑回归、朴素贝叶斯、BP 神经网络、支持向量机等，实现数据分类和回归。正是由于能从训练数据集中自动提取所需特征以及能避免极小值点的优势，RBM 得到了越来越多的关注，不同的变种模型也以其为基础被建立了起来。

深度置信网络（Deep Belief Network，DBN）。DBN 是由多个 RBM 叠加而成的，其中隐藏部分的第 l 层的输出作为可见部分的第 $l + 1$ 层的输入。在 DBN 训练中，通常使用快速贪婪算法初始化网络，然后通过压缩的唤醒-睡眠算法[128]对该深度结构的参数进行微调。贝叶斯信念网络应用于距离可见层较近的区域，而 RBM 则应用于距离可见层较远的区域。也就是说，最高的两层是无向的，其他较低的层是有向的，具体架构如图 2.4(b)所示。

深度玻尔兹曼机（Deep Boltzmann Machine，DBM）。DBM 可以被看作一种非结构化的 RBM，其中隐藏的单元被分组到一个层次结构中。两个邻接层之间是完全连接的，但在同一层内或非相邻层之间则并不相连，如图 2.4(c)所示。通过对多个 RBM 进行堆叠，DBM 可以学习复杂的结构并对输入数据进行高阶表达[129]。不同于 DBN 是一个有向/无向的混合图模型，DBM 是一个完全无向的图模型。因此，DBM 模型是联合训练的，计算开销更大。相反，DBN 可以通过分层训练来提高效率。

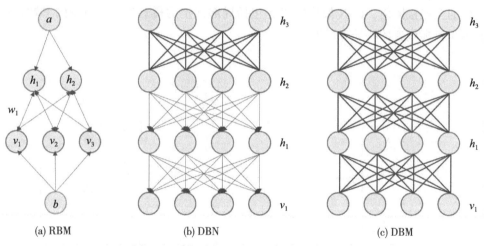

(a) RBM　　　　　　　(b) DBN　　　　　　　(c) DBM

图 2.4　受限玻尔兹曼机及其变种的架构图

（3）自编码器（Auto Encoder，AE）。AE 作为一种无监督学习算法，能够从输入数据中直接提取特征，而不需要标签信息。AE 主要由编码器和解码器两部分组成，如图 2.5 所示。编码器可以执行数据压缩，特别是在处理高维输入时，将输入映射到一个隐藏层[130]。解码器可以重建输入的近似。假设激活函数是一个线性函数，则隐含层会比输入数据的维数少，那么线性自编码器就类似于主成分分析。如果输入数据是高度非线性的，则需要更多的隐藏层来构造深度自编码器。自编码器通常使用随机梯度下降来进行训练和参数优化，损失函数则使用最小二乘或交叉熵。近年来，自编码器也相继出现了若干变种模型，列举如下：

①去噪自编码器（Denoising Auto Encoder，DAE）。作为自编码器的扩展版本，DAE 通过对随机损坏的输入数据——即向输入数据加入各向同性高斯噪声——进行重构，迫

使隐含层发现更具鲁棒性的特征[131]。

②稀疏自编码器(Sparse Auto Encoder, SAE)。SAE 通过对隐藏单元施加稀疏性约束，使隐藏单元的激活度接近于零，即使这会导致隐藏神经元的数量变得非常大[132-133]。

③压缩自动编码器(Contractive Auto Encoder, CAE)。为了使模型能够抵抗小的数据扰动，CAE 倾向学习输入数据更具鲁棒性的表达[134]。

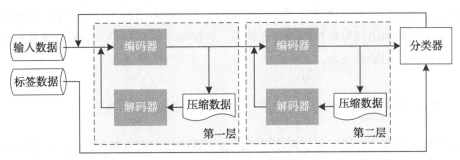

图 2.5　自编码器的架构图

(4)循环神经网络(Recurrent Neural Network, RNN)。与传统神经网络相比，对于图 2.6 所示的序列数据，RNN 在形成有向循环的神经元之间具有独特的拓扑连接特性。因此，RNN 适用于序列数据的特征学习。它允许信息在隐藏层中持久保存，并捕获前几步时间的状态。在 RNN 中应用了一个更新的规则来计算不同时间步长的隐藏状态。以序列输入为向量，通过同一个激活函数(如 Sigmoid 函数或 tanh 函数)，可以将当前的隐藏态分为两部分进行计算。第一部分根据输入进行计算，第二部分根据前一步的隐藏态进行计算。然后，通过一个 Softmax 函数计算当前隐藏状态下的目标输出。对整个序列进行处理后，隐藏状态是对输入序列数据的学习表示，最后再连接到传统的多层感知器将得到的表示映射为目标。

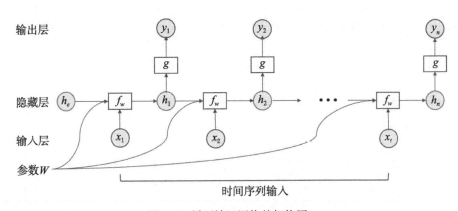

图 2.6　循环神经网络的架构图

与传统的神经网络不同，RNN 中的模型训练是通过时间反向传播(Back Propagation Through Time，BPTT)实现的。首先将 RNN 按时间展开，每一个展开的时间步长作为一个附加层。然后利用反向传播算法计算梯度。由于使用 BPTT 进行模型训练存在梯度消失或梯度爆炸的问题，使得 RNN 不能建立长期依赖关系。换句话说，RNN 很难处理长期的序列数据。

为了解决这些问题，人们提出了各种各样的改进方法，其中长短时记忆网络(Long Short-term Memory，LSTM)因其有效性得到了广泛的研究。LSTM 的核心是神经元状态，它允许信息通过线性交互向下流动。与 RNN 中单一循环结构相比，LSTM 中使用了遗忘门、输入门和输出门等来控制神经元状态。它使每个循环神经元能够自适应地获取不同时间尺度的长期依赖关系。

2.3　本章小结

本章较为系统地介绍了基于深度学习的表面缺陷检测理论基础。首先，介绍了机器学习、深度学习和神经网络模型相关的基本理论以及机器学习和深度学习之间的关系。然后，重点介绍了深度学习中的三要素：模型、损失函数和优化算法。最后，介绍了深度学习在表面缺陷分类中的经典模型与架构，包括 CNN、AE、DBN 和 RNN 等。

第3章　缺陷样本不均衡与少数类过采样算法

本章分析了合成少数类过采样算法的经典方法及其若干变种所存在的问题和不足；之后结合产品表面缺陷样本的实际情况，提出基于样本分布统计的加权过采样算法，并详细阐述了如何对样本分布进行建模以及少数类采样率的具体计算方式；最后，通过公开和自建数据集进行实验，论证了该方法的可行性与有效性。

3.1　引言

作为一种靠数据驱动的方法，深度学习无论是特征学习还是训练优化，都需要海量数据作为支撑，才能提取到更具鲁棒性的特征以及获得更稳定、准确的分类器性能。然而，正样本与缺陷样本之间以及各类缺陷之间都存在数量不平衡的问题。

为了解决样本不平衡问题，人们开发了各种经典的合成少数类过采样方法（Synthetic Minority Oversampling Technique，SMOTE）。SMOTE 过采样通过添加生成的少数类样本改变不平衡数据集的数据分布，是改善不平衡数据分类模型性能的流行方法之一。本节针对经典的 SMOTE 方法及其若干变种，阐述了各自的原理、算法以及存在的问题。

3.1.1　经典少数类过采样方法

（1）原生 SMOTE 方法。为了应对非平衡样本情况，Chawla 等人[138]提出了 SMOTE 数据预处理技术。SMOTE 算法的核心思想是在少数类样本中，采用线性插值的方式合成新的样本，避免了传统随机复制过采样可能引发的过拟问题。

SMOTE 的基本原理如图 3.1 所示。首先从少数类样本中依次选取每个样本 x_i 作为合成新样本的根样本；然后根据向上采样倍率 n，从 x_i 的同类别的 k（k 一般为奇数，如 $k=5$）个近邻样本中随机选择一个样本作为合成新样本的辅助样本，重复 n 次；然后在样本 x_i 与每个辅助样本间通过公式(3.1)进行线性插值，最终生成 n 个合成样本。

$$x_{\text{new, attr}} = x_{i,\text{ attr}} + (x_{ij,\text{ attr}} - x_{i,\text{ attr}}) \times \gamma \tag{3.1}$$

其中 $x_i \in R^d$，$x_{i,\text{ attr}}$ 是少数类中第 i 个样本的第 attr 个属性值，attr $= 1, 2, \cdots, d$；γ 是 $[0, 1]$ 之间的随机数；x_{ij} 是样本 x_i 的第 j 个近邻样本，$j = 1, 2, \cdots, k$；x_{new} 代表 x_{ij} 与 x_i 之间合成的新样本。从公式(3.1)可以看出，新样本 x_{new} 是在样本 x_{ij} 与 x_i 之间插值得到的样本，其具体算法如表 3.1 所示。

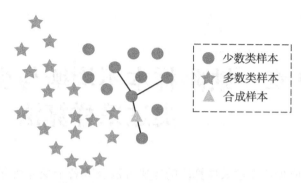

图 3.1　SMOTE 算法插值合成示意图

表 3.1　　　　　　　　　　　　**SMOTE 算法伪代码流程图**

算法：SMOTE 算法

输入：

1) 少数类样本集 T；2) 向上采样倍率 n；3) 样本近邻数 k。

步骤：

1. For i = 1 to T，do
2. 　　计算 x_i 的 k 个近邻样本并存入 X_{ik} 集合；
3. 　　For j = 1 to n，do
4. 　　　　从 X_{ik} 中随机选取样本 x_{ij}；
5. 　　　　生成 $[0, 1]$ 之间的随机数 γ；
6. 　　　　利用公式 (3.1) 合成 x_{ij} 与 x_i 间新样本 x_{new} 的每个属性值 $x_{new, attr}$；
7. 　　　　将 x_{new} 添加到集合 S 中；
8. 　　End for
9. End for

输出：合成少数类样本集 S

　　SMOTE 是基于特征空间的一种过采样方法，在少数类样本及其最近邻样本间合成新特征，然后组成新样本。SMOTE 通过人工合成样本缓解了由随机复制样本引起的过拟合，并在许多领域得到了广泛应用，但同时也存在一些问题：

　　①合成样本质量问题。

　　由 SMOTE 算法可知，新样本的合成取决于根样本与辅助样本的选择。若根样本与辅助样本均处于少数类区域，则合成的新样本被视为是合理的。然而，若根样本与辅助样本中有一个属于噪声样本，则新样本将极有可能落在多数类区域，如图 3.2(a)所示。新样本将会成为噪声而扰乱数据集的正确分类，此时该新样本通常被视为不合理的。

　　②模糊类边界问题。

　　SMOTE 算法在合成少数类样本时不考虑多数类样本的分布。如果 SMOTE 从处于类

边界的少数类样本中合成新样本，其 k 近邻样本也处于类的边界，则经插值合成的少数
类样本同样会落在两类的重叠区域，从而更加模糊两类的边界，如图 3.2(b) 所示。

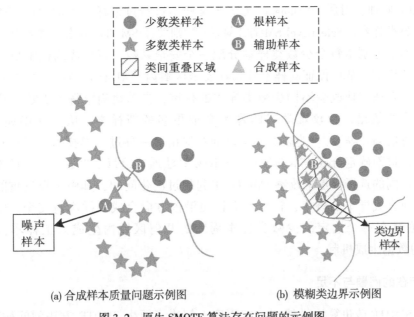

(a) 合成样本质量问题示例图   (b) 模糊类边界示例图

图 3.2　原生 SMOTE 算法存在问题的示例图

（2）SMOTE 的改进与扩展。针对上述问题，不少学者开展了新的研究，旨在提升
SMOTE 合成样本后数据的分类模型性能。多数 SMOTE 改进算法的关键在于根样本和辅
助样本的选择。由于根样本是少数类样本，如果辅助样本分布在多数类周围，则合成的
新样本会加重两类的重叠。对此，许多学者做了相应的改进，以提高少数类的分类效
果，部分经典的改进方法见表 3.2。

表 3.2　　　　　　　　　　　　　　　　　SMOTE 改进算法

算法名	根样本	辅助样本	解决的问题
Borderline-SMOTE	"Danger"类少数类样本	"Danger"类样本	①
Safe-Level-SMOTE	少数类样本	安全系数高的少数类样本	①、②
ADASYN	少数类样本	少数类样本	①
SMOM	少数类样本	安全方向的近邻样本	①、②
G-SMOTE	少数类样本	几何区域内的样本	①

注："解决的问题"见上一页表述。

　　Han 等人[139]只考虑分布在分类边界附近的少数类样本,并将其作为根样本,提出了 Borderline-SMOTE 方法。首先通过 k-NN 方法将原始数据中的少数类样本划分成"Safe""Danger"和"Noise"3 类,其中"Danger"类样本是指靠近分类边界的样本。根据 SMOTE 插值原理,对属于"Danger"类少数类样本进行过采样,可增加用于确定分类边界的少数类样本。Safe-Level-SMOTE 算法[140]则关注 SMOTE 带来的类重叠问题,在合成新样本前分别给每个少数类样本分配一个安全系数,新合成的样本更加接近安全系数高的样本,从而保证新样本分布在安全区域内。ADASYN 算法[141]根据少数类样本的分布自适应地改变不同少数类样本的权重,自动地确定每个少数类样本需要合成新样本的数量,为较难学习的样本合成更多的新样本,从而补偿偏态分布。SMOM 算法是 Zhu 等人[142]为多类不平衡问题提出的一种过采样技术,通过对辅助样本的选择,进而确定合成样本的位置。SMOM 算法通过给每个少数类样本的 k 个近邻方向分配不同的选择权重来改善 SMOTE 引起的过泛化问题,其中选择权重的大小代表沿该方向合成样本的概率,权重越大说明沿该方向合成的样本越安全。G-SMOTE 算法[143]通过在每个选定的少数类样本周围的几何区域内生成人工样本,加强了 SMOTE 的数据生成机制。

3.1.2　存在的问题与不足

　　上述 SMOTE 改进算法虽然在一定程度上解决了原生 SMOTE 方法的问题和不足,但仍然存在不少缺陷。具体包括:

　　(1)跨子集合成问题。

　　当少数类样本分布稀疏且由若干子集组成时,若采用 Borderline-SMOTE 或者 Safe-Level-SMOTE 算法,分别选择 A、B 样本作为根样本和辅助样本,则会导致合成的新样本落在多数类区域之中,如图 3.3(a)所示,新样本会成为噪声,扰乱数据集的标签正确性。

　　(2)少数类分布问题。

　　当少数类样本由若干子集组成,且不同子集样本分布不均匀,既有密集区也有稀疏区时,如图 3.3(b)所示,经 SMOTE 过采样合成的少数类样本根据近邻原则也极有可能仍位于各子集内,几乎不改变数据集的分布,即原少数类分布密集区经 SMOTE 后依然相对密集,而分布稀疏区依然相对稀疏,使得分类算法不易识别稀疏区的少数类样本而影响分类的准确性。

　　(3)近邻合成问题。

　　上述问题(2)阐述了少数类不同子集密度不均所带来的问题,而当少数类同一子集内也存在密度相差较大的情况时,按照基于近邻原则的合成方法,若根样本选择在密集区域内,则新样本很可能会继续落在密集区内,造成该区域的进一步拥堵,甚至由于相邻样本的距离过近,新合成样本与该区域内原有样本差别非常小,有可能进一步造成模型训练时的过拟合问题,如图 3.3(c)所示。

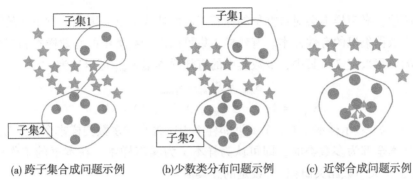

(a) 跨子集合成问题示例　　　(b)少数类分布问题示例　　　(c) 近邻合成问题示例

图 3.3　当前各类型 SMOTE 方法依然存在的问题和缺陷

3.2　基于样本分布统计的加权过采样

针对现有算法所存在的问题和不足,本书提出一种基于样本分布统计的加权过采样算法(Statistical-based Weighted Minority Oversampling, SWMO)。SWMO 算法主要分为以下三个步骤:

(1)确定有效样本集。有效样本是相对于噪声样本而言的。考虑到基于噪声样本所合成的新样本对数据集分类正确性造成的干扰,在正式过采样之前确定有效样本集是非常有必要且不容有失的。

(2)确定各少数类的样本分布情况,并由此计算出每个少数类需要过采样的样本数量。不同的有效样本数量、样本密度甚至多数类的样本分布情况都需要不同的过采样数。

(3)合成新样本时,辅助样本的选择不采用最近邻原则,而是在聚类内随机选择辅助样本进行合成。

为了阐述的方便,此处对可能出现的符号和算子进行说明,见表 3.3。

表 3.3　　　　　　　　　　　　　　部分符号的含义列表

S_{Maj}: 多数类样本集	D_i: 聚类 i 的样本密度
S_{Min}: 少数类样本集	IM_i: 聚类 i 所包含的多数类信息量
S_{noise}: 噪声样本集	W_i: 聚类 i 的过采样权重
S_{inf}: 有效样本集	NS_i: 聚类 i 需要过采样的样本数量
I_i: 聚类 i 所包含的有效信息量	N_i: 聚类 i 每个样本需要生成的新样本数量

3.2.1　确定有效样本集

如前所述，噪声样本会对数据集的标签正确性造成干扰。因此，过采样的第一步就是确定整个数据集里的有效样本。有效样本集可以由少数类中的有效样本和多数类中的有效样本的合集来定义。其中，少数类中的有效样本集 S_{iMin} 可定义为：

$$S_{iMin} = S_{Min} - S_{noise} \tag{3.2}$$

$$S_{noise} = \{ x \mid x \in S_{Min}, \ NN(x, k) = k \} \tag{3.3}$$

其中，$NN(x, k)$ 表示样本 x 的 k 个最近邻样本中所含有的多数类样本个数。显然，当 k 个最近邻样本全部为多数类时，即可认为样本 x 为噪声样本。在本书的工作中，设定 $k = 5$，这也是大多数相关研究[144]设定的经典值。

另外，靠近边界处的多数类样本同样可以被认为是有效样本[145]。即多数类中的有效样本集 S_{iMaj} 可定义为：

$$S_{iMaj} = \{ x \mid x \in S_{Maj}, \ NN(x, k) < k_1 \} \tag{3.4}$$

其中，k_1 是用户自定义参数。例如，当 $k = 5$ 且 $k_1 = 3$ 时，表示若样本 x 的 5 个最近邻样本中多数类样本少于 3 个，则认为样本 x 为有效样本。综上，整个数据集的有效样本集可以表述为：

$$S_{inf} = S_{iMin} \cup S_{iMaj} \tag{3.5}$$

3.2.2　基于样本分布计算过采样数

在确定了有效样本集的范围后，针对 3.1.2 节中的问题(1)和问题(2)，SWMO 算法还需要将有效样本集划分为不同的聚类(Cluster)，再为每一个聚类确定过采样权值以及需要过采样的样本数量。针对实际的产品表面缺陷分类问题，不妨认为缺陷类别都是少数类，毕竟在真实的生产中，合格样本总是占据绝大多数。对于多缺陷的分类问题，可认为每个缺陷类别为一个聚类；而对于单一缺陷的分类问题，则使用 K-Means[146] 对缺陷样本进行粗聚类，从而得到少数类样本的聚类集合。下面先阐述 SWMO 的具体算法原则，再据此给出相应的权值计算方式。

(1)算法原则。SWMO 算法的原则可以归纳为：在保证数据集原有数据分布基本不变的前提下，对分布稀疏、边界模糊等难以学习到有效特征的样本区域进行过采样，增加数据集的有效信息总量，进而提高深度网络的分类性能。该原则可进一步细分为以下四点：

① 有效信息量原则。聚类内含有的少数类样本越多，其包含的有效信息量越大。如图 3.4(a)所示，聚类 2 含有更多的少数类有效信息，因此需要比聚类 1 过采样更多的样本数量，才能保证整体数据集的有效性分布不受影响，即聚类 2 的过采样权值需高于聚类 1。

② 样本密度原则。即使含有相同数量的少数类样本，分布更稀疏的聚类更难学习到有用的特征。如图 3.4(b)所示，聚类 1 样本密度比聚类 2 要低。为了提高其有效信息量和分类的准确性，聚类 1 的过采样权值需高于聚类 2。

③ 多数类影响原则。该原则又可以分下述两种情况讨论：

A. 对于含有少量多数类样本的聚类，其学习难度要比不含多数类样本的聚类高。如图 3.4(c) 所示，聚类 2 含有少量多数类样本，这表示聚类 2 的区域和多数类的区域出现了部分重叠，使得边界被模糊。这导致聚类 2 相比聚类 1 更难学习到有效特征，因此聚类 2 需要更高的过采样权值。

B. 过多的多数类样本会淹没聚类内的少数类样本信息量。如图 3.4(d) 所示，聚类 1 中的少数类样本已远远少于多数类样本，此时若聚类 1 合成过多的少数类样本，会使得该区域内的多数类样本被误识别。因此，本书更倾向于为聚类 2 赋予更高的过采样权值，生成更多的新样本，来确保原有的数据分布不受影响。

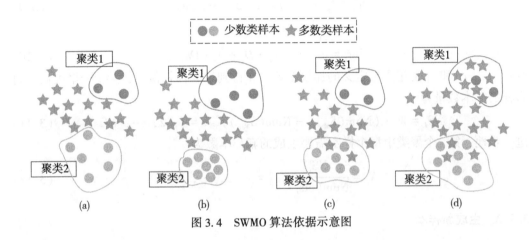

图 3.4 SWMO 算法依据示意图

(2) 权值计算方式。针对上述三项原则，本书对应地提出三个指标来描述各少数类(聚类)的样本分布情况，分别是：有效信息量 I_i、样本密度 D_i 以及多数类信息量 IM_i。假设有效样本合集 S_{inf} 被划分成聚类集合 $\{\mathrm{cls}_1,\ \mathrm{cls}_2,\ \cdots,\ \mathrm{cls}_{\mathrm{NC}}\}$，其中 $\mathrm{cls}_i(i=1,\ 2,\ \cdots,\ \mathrm{NC})$ 表示第 i 个聚类，NC 表示聚类总数。根据上述算法依据，各聚类的过采样权值可从以下三个方面进行加权合成：

① 各聚类的有效信息量 I_i。根据算法依据①，聚类所含有效样本数越多，其有效信息量就越大。聚类的有效信息量可表述为：

$$I_i = \frac{\mathrm{Num}(\mathrm{cls}_i)}{\sum\limits_{j=1}^{\mathrm{NC}} \mathrm{Num}(\mathrm{cls}_j)},\ i=1,\ 2,\ \cdots,\ \mathrm{NC} \tag{3.6}$$

其中，$\mathrm{Num}(\mathrm{cls}_i)$ 表示第 i 个聚类所含的样本数。

② 各聚类的样本密度 D_i。根据算法依据②，密度是信息量的另一种表现形式。考虑到各聚类所占面积无法计算，本书使用任意两个样本之间的欧氏距离的平均值来表示聚类的密度。具体为：

$$D_i = \frac{\sum\limits_{j=1}^{\mathrm{Num}(\mathrm{cls}_i)} \sum\limits_{k=1,\ k\neq j}^{\mathrm{Num}(\mathrm{cls}_i)} \mathrm{dist}(s_k,\ s_j)}{\mathrm{Num}(\mathrm{cls}_i)\cdot(\mathrm{Num}(\mathrm{cls}_i)-1)},\ i=1,\ 2,\ \cdots,\ \mathrm{NC},\ s_k,\ s_j\in \mathrm{cls}_i \tag{3.7}$$

其中，$\mathrm{dist}(s_k, s_j)$ 表示样本 s_k 和样本 s_j 之间的欧氏距离。

③ 聚类内的多数类信息量 IM_i。根据算法依据③，聚类内的多数类有效信息量可表述为：

$$\mathrm{IM}_i = \begin{cases} 1 - \dfrac{\mathrm{Num}M(\mathrm{cls}_i)}{\mathrm{Num}(\mathrm{cls}_i)} & , \ \text{if } \mathrm{Num}M(\mathrm{cls}_i) > 0 \\ 0 & , \ \text{otherwise} \end{cases}, \ i = 1, 2, \cdots, \mathrm{NC} \qquad (3.8)$$

其中，$\mathrm{Num}M(\mathrm{cls}_i)$ 表示第 i 个聚类内的多数类样本数。

综合以上三点，第 i 个聚类的过采样权值可按以下方式确定：

$$W_i = \frac{\ln f_i}{\displaystyle\sum_{j=1}^{\mathrm{NC}} \ln f_j}, \ i = 1, 2, \cdots, \mathrm{NC} \qquad (3.9)$$

$$\ln f_i = c_1 \cdot I_i + c_2 \cdot D_i + c_3 \cdot \mathrm{IM}_i \qquad (3.10)$$

其中，c_1、c_2 和 c_3 是用户自定义的加权系数。在得到过采样权值后，第 i 个聚类需要过采样的样本数量为：

$$\mathrm{NS}_i = W_i \cdot (\mathrm{Num}(S_{\mathrm{Maj}}) - \mathrm{Num}(S_{\mathrm{Min}})), \ i = 1, 2, \cdots, \mathrm{NC} \qquad (3.11)$$

进一步地，第 i 个聚类中每个样本需要生成的新样本数为：

$$N_i = \frac{\mathrm{NS}_i}{\mathrm{Num}(\mathrm{cls}_i)}, \ i = 1, 2, \cdots, \mathrm{NC} \qquad (3.12)$$

3.2.3　生成新样本

针对 3.1.2 节中的问题(3)，本书采取的应对措施是：在合成新样本时，辅助样本的选择不采用最近邻原则，而是在聚类内随机选择辅助样本进行合成。显然，此做法可以一定程度上缓解少数类的局部密度不均问题，提高该类别的识别准确性。即新合成的样本 SS 可定义为：

$$\mathrm{SS} = x + \mathrm{rand} \cdot (y - x), \ x, y \in \mathrm{cls}_i \qquad (3.13)$$

其中，x 为选择的根样本，y 则是聚类 i 中除样本 x 外的任意样本，rand 为 $(0, 1)$ 之间的随机数。

综上所述，SWMO 算法的总体实施步骤如表 3.4 所示。

表 3.4　**SWMO 算法伪代码流程图**

算法：$\mathrm{SWMO}(S_{\mathrm{Maj}}, S_{\mathrm{Min}}, \mathrm{NC}, k, k_1, c_1, c_2, c_3)$

输入：1) S_{Maj}：多数类样本集；2) S_{Min}：少数类样本集；3) NC：聚类数；4) k_1：确定多数类有效样本范围的阈值；5) c_1、c_2、c_3：用户自定义的权值系数

步骤：

1. 从多数类和少数类样本集中确定各自的有效样本集 $S_{i\mathrm{Maj}}$ 和 $S_{i\mathrm{Min}}$，组成有效样本合集 $S_{\mathrm{inf}} = S_{i\mathrm{Maj}} \cup S_{i\mathrm{Min}}$；

2. 对有效样本集 S_{inf} 使用 K-means 聚类算法，得到 NC 个有效样本聚类 $N\{\mathrm{cls}_1,\ \mathrm{cls}_2,\ \cdots,\ \mathrm{cls}_{\mathrm{NC}}\}$；

3. 对每一个有效样本聚类 cls_i，计算其包含的有效信息量 I_i；

4. 对每一个有效样本聚类 cls_i，计算其样本密度 D_i；

5. 对每一个有效样本聚类 cls_i，计算其包含的多数类信息量 IM_i；

6. 对每一个有效样本聚类 cls_i，计算其总信息量 $\mathrm{Inf}_i = c_1 \cdot I_i + c_2 \cdot D_i + c_3 \mathrm{IM}_i$，进而求得该聚类的

   过采样权值 $W_i = \mathrm{Inf}_i \Big/ \sum\limits_{j=1}^{\mathrm{NC}} \mathrm{Inf}_j$；

7. 对每一个有效样本聚类 cls_i，结合权值 W_i，计算其总共需要过采样的样本数 NS_i 以及该聚类中
   每个样本需要过采样的样本数 N_i；

8. 定义一个全新的空集合 $\mathrm{NSS} = \{\}$，表示合成过采样所得的新样本；.

9. For i = 1 to NC, do

       For 聚类 cls_i 中的每一个样本 x, do

           For j = 1 to N_i, do

               生成一个新样本 SS，并将其加入集合 NSS；

           End for

       End for

       End for

10. 输出：平衡样本集 $S_{\mathrm{Maj}} \cup S_{\mathrm{Min}} \cup \mathrm{NSS}$.

3.3 实验结果与分析

3.3.1 UCI 标准数据集测试结果

为了测试 SWMO 算法对非平衡样本的过采样性能和最终的分类表现，本书从 UCI（University of California，Irvine，加州大学尔湾分校）标准数据库[147]中选取了 18 个类间非平衡的数据集进行实验。需要说明的是，UCI 数据库并不完全是针对产品表面缺陷而建立的，但作为一个标准数据库，它被广泛应用于机器学习中不平衡样本处理方法的评估与测试。因此，可以使用该数据库对 SWMO 算法进行测试并与其他经典过采样算法进行对比。

1. 数据集说明及预处理

本次实验使用的数据集的具体特性如表 3.5 所示。由表中可见，18 个数据集涵盖了不同的样本总数、特征数、类别数以及样本分布，不平衡比值 IR（数据集的多数类样本数与少数类样本数的比值）从 2.02 到 22.18 不等，显然，这样的特性能对过采样算法的性能提供更全面的测试与评估。考虑到不同数据集的特征维数不尽相同，本书对特征向量进行了归一化处理：

$$v = \frac{v - v_{\mathrm{mean}}}{v_{\mathrm{std}}} \tag{3.14}$$

其中，v 表示数据集的特征向量，v_{mean} 和 v_{std} 分别表示均值向量和标准差向量。

表 3.5　　　　　　　　　　　　　　　18 个 UCI 标准数据集的特性说明

数据集名称	特征维数	类别数量	样本数对比 (多数类∶少数类)	不平衡比值 (IR)
Jain-2	2	2	276∶97	2.85
Aggregation-1	3	7	754∶34	22.18
Aggregation-7	3	7	743∶45	16.51
Blood-1	4	2	570∶178	3.20
Thyroid-2	5	3	180∶35	5.14
Thyroid-3	5	3	185∶30	6.17
Ecoli-5	7	8	301∶35	8.60
Ecoli-6	7	8	316∶20	15.80
Ecoli-8	7	8	284∶52	5.46
Glass-1	9	6	144∶70	2.06
Glass-5	9	6	201∶13	15.46
Glass-7	9	6	185∶29	6.38
Wine-1	13	3	119∶59	2.02
Wine-3	13	3	130∶48	2.71
Vehicle-1	18	4	629∶217	2.90
Vehicle-2	18	4	628∶218	2.88
Vehicle-3	18	4	634∶212	2.99
Vehicle-4	18	4	647∶199	3.25

2. 评价指标

对于缺陷检测的二分类问题，我们通常将少数类称为正样本，多数类称为负样本。假设测试集由 p 个正样本和 n 个负样本组成。为了评估分类结果，我们统计了真阳性(True Positive，TP)、假阳性(False Positive，FP)、真阴性(True Negative，TN)和假阴性(False Negative，FN)的数量，形成混淆矩阵，如表 3.6 所示。

表 3.6　　　　　　　　　　　　　　　分类结果的混淆矩阵

	真实正样本	真实负样本
预测为正样本	TP	FP
预测为负样本	FN	TN
合计	p	n

　　并且，在表 3.6 的指标基础上，我们引出另外两个度量标准：召回率(Recall)和几何平均数(Gmean)。召回率主要针对正样本的分类结果进行评估[144]。召回率越大，表示检测出的正样本越多。几何平均数则是评估总体分类性能的经典指标[148]，只有当分类器在这正负两类样本上都获得良好表现的时候，几何平均数才能达到高分。召回率和几何平均值计算公式为：

$$\text{Recall} = \frac{\text{TP}}{p} \tag{3.15}$$

$$\text{Gmean} = \sqrt{\frac{\text{TP}}{p} \cdot \frac{\text{TN}}{n}} \tag{3.16}$$

　　同时，从产品表面缺陷分类与识别的角度来看，选择这两个指标也有着重要的实际意义：一方面，缺陷产品一旦出现，必须尽最大可能全部识别出来，而召回率正对应着这一实际需求；另一方面，为了保证生产的流畅运行、节省生产成本，分类系统应尽可能减少假阳率和假阴率，因此需用几何平均数来衡量系统的综合表现。

　　3. 与经典过采样算法的对比实验

　　为了验证 SWMO 算法的有效性，本书选择了 5 种先进的过采样方法进行对比实验，其中三种是前文提到的经典过采样算法：SMOTE、Borderline-SMOTE 和 ADASYN，另两种在近期的研究[149-150]中被认为是与集成学习结合效果最好的合成过采样算法：RusBoost 和 SmoteBagging。本书的 SWMO 算法和 SMOTE、Borderline-SMOTE、ADASYN 三种经典算法，在完成少数类样本过采样后，会使用深度自编码器(DAE)进行特征筛选和提取。DAE 作为一种无监督学习方法，能够对高维特征进行自动的筛选和降维[128][151]。由于 DAE 不依赖于统计分析的先验知识，因此在特征选择中得到了广泛的应用。一旦获取到有效的低维特征后，本书使用 C4.5 决策树对它们进行分类与识别。

　　实验中各模块的参数和设置具体如下：

　　① SWMO 算法中的自定义参数，采用网格搜索[152]与实验验证相结合的方法来进行设定，具体设定值如表 3.7 所示；

表 3.7　　　　　　　　　　　　　　　　实验参数设置

参数描述	参数符号	设定值
聚类数	NC	5，若 $S_{\text{Min}} > 100$ 3，若 $S_{\text{Min}} > 30$ 且 $S_{\text{Min}} \leq 100$ 1，若 $S_{\text{Min}} \leq 30$
确定多数类有效样本的阈值	k_1	3
权值系数	$\{c_1, c_2, c_3\}$	$\{0.2, 0.5, 0.3\}$

② RusBoost 和 SmoteBagging 算法中集成学习的迭代次数设定为 300 次;

③ SMOTE、Borderline-SMOTE 和 ADASYN 算法中的 k 值设定为经典值 5;

④ DAE 使用两层隐藏层的结构,每层神经元个数分别为:输入层的个数等于样本的特征数,第 1 隐藏层和第 2 隐藏层神经元个数分别为输入层的 75% 和 50%(若取值为小数,则自动向上取整)。

在实验数据处理方面,交叉验证[144][153]被广泛应用于机器学习和不平衡样本问题中。本次试验中,所有上述对比方法均使用五折交叉验证,并分别重复 10 次。表 3.8 和表 3.9 分别展示了召回率和几何平均数的实验结果,这些结果均为 50 次结果的均值和标准差。

由实验结果可知,SWMO 的召回率在 11 个数据集上表现最好,均值达到 0.858,大于 RusBoost 的 0.776、SmoteBagging 的 0.182、SMOTE 的 0.834、Borderline-SMOTE 的 0.813 和 ADASYN 的 0.816。而且 SWMO 的几何平均数也在 8 个数据集上表现最好,均值达到 0.871,优于 RusBoost 的 0.856、SmoteBagging 的 0.370、SMOTE 的 0.869、borderline-SMOTE 的 0.847 和 ADASYN 的 0.862。从这些对比结果中可以清晰地验证 SWMO 算法的有效性。

3.3.2 PlantVillage 数据集测试结果

为了进一步测试 SWMO 过采样算法在二维表面缺陷图像上的有效性,本书从宾夕法尼亚州立大学公开的 PlantVillage 数据库[154]中,选取了 5 个类间非平衡的农作物数据集进行进一步的测试。通过测试过采样后数据集的分类准确性,验证该算法在真实生产环境中的实用性和鲁棒性。

1. 数据集说明

本书使用了 PlantVillage 中的 5 个类间非平衡数据集:土豆、苹果、葡萄、玉米和番茄数据集,具体特性如表 3.10 所示。其中,数据集的类间不平衡比值从 2.32 到 14.41 不等。图 3.5~图 3.9 展示了 5 个数据集中的部分样本示例。试验中,数据集的样本均按照 3∶1∶1的比例[154]被划分为训练集、验证集和测试集三部分,并归一化为 227×227 的图像尺寸。

2. 网络架构选择

考虑到深度卷积网络对缺陷分类问题的适用性和可行性[154],本书选择了 CNN 中最经典的架构——AlexNet[155]——作为训练网络和分类器。AlexNet 架构在 2012 年由 ImageNet 竞赛冠军 Hinton 和他的学生 Alex Krizhevsky 所设计。其结构如图 3.10 所示。

AlexNet 可以视为一个 8 层的网络,包含 5 个卷积层和 3 个全连接层,最后 1 个是 Softmax 分类器。前 2 个卷积层分别连接到 1 个局部归一化层和 1 个池化层,第 5 个卷积层连接到 1 个池化层。5 个卷积层和前 2 个全连接层都接有 ReLU 激活层。本书实验中 AlexNet 架构的训练超参数设置如表 3.11 所示。

表 3.8 **SWMO 与其他 5 种过采样算法的召回率（Recall）对比**

数据集	过采样算法					
	SWMO	RusBoost	Smote-Bagging	SMOTE	Borderline-SMOTE	ADASYN
Jain-2	**0.993 ± 0.015**	0.480 ± 0.228	0.227 ± 0.076	0.973 ± 0.015	0.973 ± 0.015	0.967 ± 0.008
Aggregation-1	**0.938 ± 0.038**	0.855 ± 0.053	0.069 ± 0.020	0.891 ± 0.022	0.884 ± 0.047	0.909 ± 0.008
Aggregation-7	**0.911 ± 0.024**	0.885 ± 0.016	0.408 ± 0.022	0.878 ± 0.014	0.905 ± 0.023	0.856 ± 0.008
Blood-1	**0.812 ± 0.027**	0.696 ± 0.061	0.048 ± 0.011	0.772 ± 0.039	0.736 ± 0.052	0.780 ± 0.014
Thyroid-2	0.674 ± 0.056	0.611 ± 0.033	0.023 ± 0.024	**0.697 ± 0.052**	0.646 ± 0.052	0.634 ± 0.010
Thyroid-3	**0.940 ± 0.015**	0.833 ± 0.033	0.053 ± 0.030	0.907 ± 0.015	0.733 ± 0.058	0.867 ± 0.042
Ecoli-5	0.766 ± 0.042	0.634 ± 0.068	0.029 ± 0.020	0.731 ± 0.072	**0.794 ± 0.055**	0.714 ± 0.017
Ecoli-6	0.840 ± 0.065	**0.850 ± 0.050**	0.070 ± 0.027	0.850 ± 0.061	0.850 ± 0.061	0.800 ± 0.022
Ecoli-8	**0.868 ± 0.033**	0.757 ± 0.016	0.068 ± 0.018	0.804 ± 0.026	0.692 ± 0.048	0.797 ± 0.014
Glass-1	0.749 ± 0.063	**0.829 ± 0.023**	0.280 ± 0.008	0.729 ± 0.036	0.654 ± 0.045	0.686 ± 0.019
Glass-5	0.860 ± 0.134	**0.880 ± 0.045**	0.080 ± 0.084	0.8 ± 0	0.840 ± 0.114	0.790 ± 0.029
Glass-7	0.840 ± 0.057	0.840 ± 0.028	0.040 ± 0.049	**0.888 ± 0.034**	0.888 ± 0.052	0.840 ± 0.024
Wine-1	**0.986 ± 0.015**	0.902 ± 0.098	0.524 ± 0.042	0.986 ± 0.015	0.942 ± 0.030	0.964 ± 0.006
Wine-3	**0.973 ± 0.010**	0.884 ± 0.110	0.311 ± 0.042	0.973 ± 0.019	0.973 ± 0.010	0.956 ± 0.005
Vehicle-1	**0.701 ± 0.068**	0.652 ± 0.033	0.087 ± 0.008	0.660 ± 0.028	0.643 ± 0.030	0.698 ± 0.008
Vehicle-2	0.942 ± 0.012	**0.960 ± 0.008**	0.501 ± 0.033	0.932 ± 0.015	0.919 ± 0.016	0.898 ± 0.005
Vehicle-3	**0.697 ± 0.034**	0.503 ± 0.018	0.102 ± 0.028	0.615 ± 0.052	0.64 ± 0.0110	0.600 ± 0.016
Vehicle-4	**0.957 ± 0.014**	0.912 ± 0.007	0.356 ± 0.023	0.929 ± 0.006	0.926 ± 0.021	0.933 ± 0.006

表 3.9　SWMO 与其他 5 种过采样算法的几何平均数（Gmean）对比

数据集	SWMO	过采样算法				
		RusBoost	Smote-Bagging	SMOTE	Borderline-SMOTE	ADASYN
Jain-2	**0.989 ± 0**	0.675 ± 0.166	0.471 ± 0.080	0.983 ± 0.010	0.984 ± 0.008	0.979 ± 0.009
Aggregation-1	**0.939 ± 0.001**	0.913 ± 0.029	0.260 ± 0.041	0.927 ± 0.014	0.890 ± 0.025	0.921 ± 0.018
Aggregation-7	0.906 ± 0.002	**0.914 ± 0.008**	0.632 ± 0.017	0.897 ± 0.007	0.852 ± 0.009	0.864 ± 0.006
Blood-1	**0.859 ± 0.006**	0.822 ± 0.032	0.218 ± 0.025	0.843 ± 0.024	0.786 ± 0.025	0.826 ± 0.016
Thyroid-2	**0.799 ± 0.005**	0.774 ± 0.020	0.115 ± 0.109	0.791 ± 0.031	0.787 ± 0.032	0.791 ± 0.033
Thyroid-3	0.905 ± 0.003	**0.960 ± 0.009**	0.224 ± 0.061	0.928 ± 0.011	0.815 ± 0.030	0.870 ± 0.027
Ecoli-5	0.815 ± 0.003	0.777 ± 0.044	0.149 ± 0.089	0.811 ± 0.048	0.841 ± 0.024	0.811 ± 0.023
Ecoli-6	0.892 ± 0.001	0.911 ± 0.025	0.261 ± 0.051	0.913 ± 0.031	0.906 ± 0.030	0.891 ± 0.027
Ecoli-8	0.862 ± 0.004	0.867 ± 0.009	0.259 ± 0.033	0.874 ± 0.014	0.818 ± 0.028	0.886 ± 0.017
Glass-1	0.724 ± 0.006	**0.837 ± 0.012**	0.523 ± 0.010	0.707 ± 0.022	0.711 ± 0.029	0.739 ± 0.031
Glass-5	0.826 ± 0.032	**0.929 ± 0.024**	0.215 ± 0.204	0.837 ± 0.004	0.862 ± 0.074	0.882 ± 0.081
Glass-7	**0.909 ± 0.021**	0.899 ± 0.016	0.149 ± 0.148	0.906 ± 0.019	0.908 ± 0.032	0.849 ± 0.038
Wine-1	**0.987 ± 0.001**	0.929 ± 0.053	0.721 ± 0.028	0.961 ± 0.007	0.958 ± 0.014	0.967 ± 0.011
Wine-3	0.974 ± 0	0.921 ± 0.053	0.557 ± 0.038	0.971 ± 0.009	**0.982 ± 0.004**	0.968 ± 0.006
Vehicle-1	**0.737 ± 0.004**	0.733 ± 0.021	0.294 ± 0.014	0.708 ± 0.013	0.665 ± 0.017	0.710 ± 0.035
Vehicle-2	0.932 ± 0.001	**0.960 ± 0.007**	0.708 ± 0.023	0.949 ± 0.006	0.906 ± 0.009	0.926 ± 0.007
Vehicle-3	0.673 ± 0.010	0.659 ± 0.014	0.316 ± 0.045	0.679 ± 0.023	0.670 ± 0.011	**0.704 ± 0.016**
Vehicle-4	**0.95 ± 0**	0.926 ± 0.004	0.595 ± 0.020	0.949 ± 0.003	0.896 ± 0.011	0.927 ± 0.006

表 3.10   **5 个 PlantVillage 数据集的特性说明**

数据集名称	类别数量	样本数对比	不平衡比值 （最多数类：最少数类）
土豆数据集	3	1000：1000：152	6.58
苹果数据集	4	1645：630：621：275	5.98
葡萄数据集	4	1383：1180：1076：432	3.20
玉米数据集	4	1192：1162：985：513	2.32
番茄数据集	10	5375：2127：1909：1771：1676： 1591：1404：1000：952：373	14.41

(a)良品   (b)早疫病   (c)晚疫病

图 3.5 土豆数据集样本示例

(a)良品   (b)黑星病   (c)黑腐病   (d)雪松锈病

图 3.6 苹果数据集样本示例

(a)良品   (b)黑腐病   (c) Esca 真菌病   (d)叶疫病

图 3.7 葡萄数据集样本示例

（a）良品　　　　　（b）灰斑病　　　　　（c）锈病　　　　　（d）大斑病

图 3.8　玉米数据集样本示例

（a）良品　　　（b）疮痂病　　　（c）早疫病　　　（d）晚疫病　　　（e）叶霉病

（f）针孢叶斑病　　（g）蜘蛛螨　　　（h）靶斑病　　　（i）花叶病毒　　（j）黄曲叶病毒

图 3.9　番茄数据集样本示例

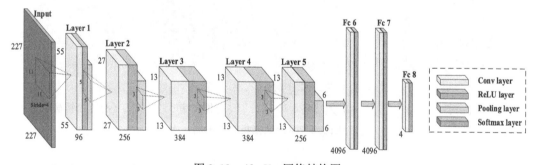

图 3.10　AlexNet 网络结构图

表 3.11　　　　　　　　　　　　　　AlexNet 训练超参数设置列表

Base learning rate	0.01	Weight decay	0.001
Learning rate policy	Step	Solver type	Stochastic Gradient Descent
Gamma	0.1	Batch size	100
Momentum	0.9	Max iteration	10000

3. 实验结果

为了验证 SWMO 算法在实际表面缺陷样本上的有效性，本书将其与深度学习中经典的数据增广方式（Data Augmentation，DA）[156] 进行对比。需要说明的是，在本次实验中没有使用 SMOTE、Borderline-SMOTE 等方法作为对照组的原因是，这些方法并不适用于对二维图像进行过采样。对于 PlantVillage 数据集，DA 和 SWMO 两种方法在 AlexNet 架构上的分类表现如表 3.12 所示。其中，召回率可由公式（3.15）计算得到，精确率则可用以下公式求得：

$$\text{Precision} = \frac{\text{TP}}{\text{TP} + \text{FP}} \tag{3.16}$$

表 3.12   **PlantVillage 数据集分类准确率**

类别		DA+AlexNet		SWMO+AlexNet	
		Precision	Recall	Precision	Recall
土豆数据集	良品	0.9742	0.9737	**0.9824**	**0.9821**
	早疫病	**0.9868**	**0.9869**	0.9870	0.9864
	晚疫病	0.9727	0.9727	**0.9810**	**0.9808**
苹果数据集	良品	0.9861	0.9860	**0.9914**	**0.9914**
	黑星病	0.9588	0.9589	**0.9717**	**0.9716**
	黑腐病	0.9814	0.9813	**0.9896**	**0.9896**
	雪松锈病	**0.9897**	**0.9896**	0.9831	0.9829
葡萄数据集	良品	0.9908	0.9908	**0.9916**	**0.9916**
	黑腐病	0.9725	0.9726	**0.9789**	**0.9788**
	Esca 真菌病	0.9689	0.9688	**0.9910**	**0.9910**
	叶疫病	0.9856	0.9856	**0.9874**	**0.9873**
玉米数据集	良品	0.9663	0.9663	**0.9924**	**0.9924**
	灰斑病	0.9868	0.9868	**0.9889**	**0.9886**
	锈病	0.9647	0.9647	**0.9906**	**0.9906**
	大斑病	**0.9852**	**0.9855**	0.9825	0.9824
番茄数据集	良品	0.9928	0.9927	**0.9935**	**0.9935**
	疮痂病	0.9528	0.9527	**0.9804**	**0.9801**
	早疫病	0.9893	0.9891	**0.9925**	**0.9925**
	晚疫病	0.9786	0.9782	**0.9839**	**0.9837**
	叶霉病	**0.9751**	**0.9754**	0.9624	0.9621
	针孢叶斑病	**0.9825**	**0.9824**	0.9827	0.9824
	蜘蛛螨	**0.9837**	**0.9832**	0.9842	0.9835
	靶斑病	0.9739	0.9755	**0.9888**	**0.9880**
	花叶病毒	0.9356	0.9363	**0.9540**	**0.9531**
	黄曲叶病毒	0.9709	0.9708	**0.9764**	**0.9763**

由表中可知，SWMO+AlexNet 方法的召回率和精确率，在总共 25 个类别的 19 个上面取得更好的表现，且在剩余 6 个类别中也基本与 DA+AlexNet 方法持平，展现出明显的提升效果。更进一步的统计得知，SWMO+AlexNet 在土豆、苹果、葡萄、玉米和番茄 5 个子集上的总体准确率分别为 98.31%、98.39%、98.72%、98.85% 和 97.95%，依次高于 DA+AlexNet 的 97.78%、97.90%、97.95%、97.58% 和 97.36%，在不同的非平衡数据集中体现出令人满意的稳定性。

综上所述，本书通过对 UCI 和 PlantVillage 标准数据集进行的一系列对比实验，对 SWMO 过采样方法作出了较为全面的评估和测试。实验中，无论是纯数据类型的样本还是二维缺陷样本，该方法相对传统过采样算法均展现出了更好的实用性和鲁棒性，为解决实际生产中的缺陷类内均衡问题提供了一条行之有效的道路。

3.4　本章小结

本章从经典的合成少数类过采样方法出发，分析了经典方法及其若干变种所存在的问题和不足。结合产品表面缺陷样本的实际情况，提出了基于样本分布统计的加权过采样算法。该算法首先在缺陷数据集中确定有效样本集，消除噪声样本对合成新样本可能造成的干扰；然后，结合有效样本数、样本密度以及多数类的样本情况，通过算法确定各个少数类的样本分布情况，并由此计算出每个少数类样本需要过采样的样本数量；最后，通过随机选择辅助样本的方式合成所需数量的新样本。通过 UCI 和 PlantVillage 标准数据集的实验证明，相比 SMOTE、ADASYN 等经典算法，使用 SWMO 算法进行少数类过采样后的数据集，在同一分类器上分类召回率和几何平均值都更高，具有更好的分类性能，显示了该方法的有效性和鲁棒性。

第4章　联合半监督数据增广和迁移学习的小样本表面缺陷分类

深度学习作为一种数据驱动的科学，数据量的丰富与否直接决定了特征学习完备性和分类器的准确性。本章从面向小样本的学习问题出发，首先给出了深度学习领域中数据增广的定义，阐述了数据增广和图像增强之间的关系，并对经典数据增广方法进行了说明，分析了这些方法的优势与不足；然后，重点介绍了本书提出的基于半监督数据增广和迁移学习的表面缺陷分类算法，该算法的核心在于设计了一种半监督式的数据增广方法，以缓解原始数据量不足的问题，同时通过迁移学习的方法解决网络训练和过拟合的问题；最后，将该方法部署在不同的 CNN 架构上进行实验与测试，验证了该方法的鲁棒性和有效性。

4.1　引言

上一章分析并解决了深度学习中样本类别不平衡的问题。但在面向产品表面缺陷的应用中，样本总量往往也是不充足的。特别是考虑到表面缺陷的隐蔽性和难识别性，实际操作中能采集到质量完好、适用于深度网络训练的缺陷样本数量通常远远低于标准值或建议值。

为了解决基于小样本的深度学习问题，数据增广（Data Augmentation）方法应运而生。本节从数据增广的定义出发，介绍了若干种经典的数据增广方法，并阐述了各自的问题和不足。

4.1.1　数据增广的定义

一般来说，只要是对数据进行某种处理、以使数据更好地符合使用者需求的技术，通常都可称为数据增强（Data Enhancement）技术。在深度学习领域，这种技术常被特指为数据增广，指的是针对样本总量不足的情况，采用某种变换或操作进行数据量扩充的过程[157]。在实际应用中，数据增广通常有以下两方面的目的：一是扩充样本集的数据量；二是提高数据和图像的质量。图 4.1 展示了数据增广在深度学习中的应用情况。

根据数据类型不同，数据增广所使用的方法也不尽相同。比如，对于文本数据而言，其包含的信息通常被认为是离散的，因而数据增广的核心思想在于利用数据分析和挖掘技术对文本数据中的词义进行替换、对关键词序进行调整或引入噪声词汇等。但对于表面缺陷图像而言，数据增广则可以利用常见的图像处理或图像增强算法对图像数据进行扩充或对质量进行提高。因此，常见的图像增强技术可以直接运用于数据增广之中。

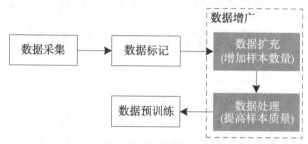

图 4.1　数据增广在深度学习中使用的基本流程

数据增广与图像增强的不同之处在于：图像增强强调对单一图像进行某种变换，有目的性地加强图像的整体或局部特性，强化图像中不同目标或物体之间的区别，从而达到突出前景主体、改善图像质量、提升图像信息量等目的；而数据增广则强调对数据集整体或一部分实现大批量图像增强，经过图像增强的这些样本图像被保存下来并加入原始数据集中，使得原始数据集不仅在数量上得到增加，所包含的样本图像内容也更加丰富，平均质量也得到提高。因此，深度学习中的数据增广包含了图像增强的常见方法，更重要的是在数量维度对数据进行了增强。

4.1.2　经典数据增广方法

常用的数据增广方法主要运用了简单的图像增强算法，例如尺度变换、平移变换、旋转变换、镜像变换、亮度和颜色对比度变换、噪声变换等。其中尺度变换是将图像按照一定的尺度因子进行放大或缩小处理[158]。颜色对比度变换指在 HSV 色彩空间[159]，保持其中一个分量不变，对每个像素的其余分量按指数运算。噪声变换是指在图像中添加高斯噪声或者椒盐噪声。另外，比较复杂的还有结合 SIFT[160] 或 HOG[161] 特征的提取思路，设定尺度因子对图像进行滤波并构造新的尺度空间，改变图像内容的大小等。

图 4.2 展示了运用基本图像增强方法进行数据增广的效果。假设数据集中仅有一幅 Lena 图像，经过一系列处理后可将数据集扩充为 6 张特性各异的图像。可以看出，通过旋转或平移生成的新图像与原图在内容上差异不大，而通过添加噪声或改变颜色对比度生成的新图像则与原图有较大差别。

除了经典的图像增强技术，还有一些特殊的方法被应用到数据增广中，包括但不限于以下几种。

1）极坐标变换法

极坐标变换法[162]是研究者在 2017 年提出的一种使用少量数据训练神经网络的方法，即通过极坐标空间中的径向变换来实现数据增广，变换过程如图 4.3(a)(b)所示。

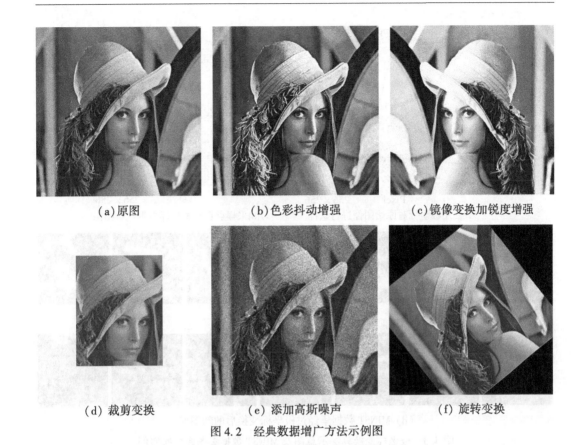

(a)原图   (b)色彩抖动增强   (c)镜像变换加锐度增强

(d) 裁剪变换   (e) 添加高斯噪声   (f) 旋转变换

图 4.2 经典数据增广方法示例图

这种逐像素的转换方法可以提供原始图像的完整信息表达，并未改变原始数据的信息内容，仅仅通过几何变换实现数据量的扩充，从而帮助样本量较少的数据集进行深度网络的训练。原文使用 AlexNet 和 GoogLeNet[163] 架构进行 MINST 数据集的训练和识别，结果表明该算法能较大幅度地提升网络的分类准确率和泛化能力。

2)弹性畸变变换法

除了极坐标变换法，还有一些经典的方法也被用于进行数据增广。弹性畸变变换法[164]是一种模仿手部肌肉的随机抖动的特殊图像扭曲算法，常用于处理字符样本，其基本思路主要有以下两步：

(1)首先针对图像中的每个像素点 (x, y) 产生两个 $[-1, 1]$ 之间的随机数 $\Delta x(x, y)$ 和 $\Delta y(x, y)$，分别表示该像素点在 x 方向和 y 方向移动的距离；

(2)使用一个均值为 0、标准差为 σ 的高斯核，与前面的随机数做卷积，最终得到新的变换图像。

显然，σ 值的大小与弹性变换的效果直接相关。若 σ 较小，则变换后的效果类似于对图像每个像素进行随机移动；若 σ 过大，则生成的结果与原图基本类似，如图 4.4 所示。

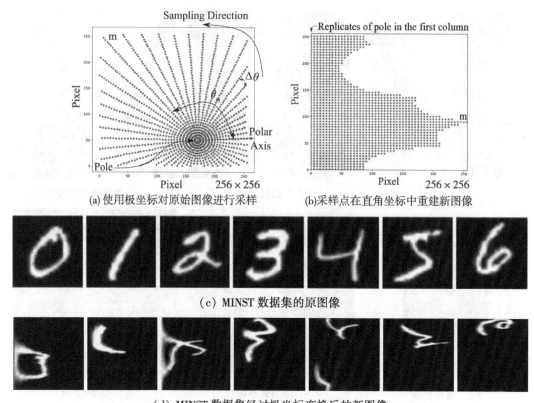

(a) 使用极坐标对原始图像进行采样   (b) 采样点在直角坐标中重建新图像

(c) MINST 数据集的原图像

(d) MINST 数据集经过极坐标变换后的新图像

图 4.3   极坐标变换算法示意图及 MINST 数据集图像变换实例

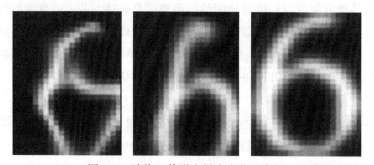

图 4.4   随着 σ 值增大样本变化示意图

弹性畸变变换法早在 2003 年就被提出来,文献[164]通过对 MINST 数据集进行增广训练实验发现,加上弹性畸变变换后,MINST 数据集的分类准确率比仅使用平移、旋转、镜像等变换要高。该结果证明了弹性畸变变换法相比于传统数据增广方法更具先进性。

3)基于 GAN 的数据增广方法

对抗生成网络(Generative Adversarial Network,GAN)于 2014 年由 Goodfellow 等人[165]提出。它被应用于数据增广的依据在于:GAN 网络生成图像的方法不同于传统图像处理算法，这些新生成的图像是由已有数据集提取的高位特征组合而成，不同于原有数据集中的任何一张图像，因此在训练分类识别网络时能提供更多的图像特征。目前应用于数据增广的 GAN 网络主要有两种：DCGAN[166]和 AugGAN[167]。

AugGAN(Augmentation GAN)是最早用于数据增广的 GAN 模型，其强调通过跨域适应来实现数据的扩展。例如对车辆识别任务而言，如果仅仅使用白天采集的数据进行模型训练，把训练得到的分类器应用到晚上，分类效果想必不会很好。这时若再耗费人力物力在晚上采集类似的数据显然成本太高。而 AugGAN 则可以利用白天数据和晚上数据交叉、冗余成分较大的特点，将一个数据域转移到另一个数据域，实现数据转换从而完成数据增广，示例图如图 4.5 所示。

DCGAN(Deep Convolutional GAN)则是一种带深度卷积的 GAN 模型，主要由生成网络和判别网络组成。生成网络用于产生一系列图像供判别网络判别，判别网络则将生成图像与真实图像进行对比，给出真假判别结果，随后生成网络也会通过该结果对自身参数做出调整，直到生成网络和判别网络的水平最终达到平衡，即生成网络生成的图像足够真实，判别网络已不足以将其从真实图像中区分出来。此时若将生成的大量图像用于扩充真实图像集，实际上就是实现了一种数据增广的效果。

（a）   （b）

图 4.5　使用 AugGAN 将白天(a)数据增广为夜晚(b)

4.1.3　当前方法存在的缺陷和不足

尽管目前存在各式各样的数据增广方法，但对于本书研究的产品表面缺陷样本而言，仍然有着未能完美解决的问题。

（1）绝大部分数据增广方法并不适合细小缺陷图像的分类与识别。这主要有以下两个方面的原因：

①传统增广算法只是从一般性的图像增强角度出发，并未针对表面缺陷的特性进行优化和设计。对图 4.6 所示的细小断裂缺陷而言，使用随机裁剪、平移变换、尺度变换、旋转变换等增广操作均有可能使得缺陷目标偏离图像可视范围，不符合数据增广中的"标签保留"原则(Label-preserving Principle)[155]。

②特殊增广算法，如极坐标变换、弹性畸变变换等，容易使原本就形态微小的缺陷进一步被扭曲，增加分类和识别难度。对于部分精工产品而言，某些缺陷类别之间的差异往往非常细小。如图 4.7 所示的是滚子表面断裂缺陷与污点缺陷，使用特殊变换会进一步削弱两种缺陷之间外形的区分度，不利于神经网络的训练和学习。

原始图像：　　　　　　　　　随机裁剪/平移变换：　　　　　　　　　　　　　旋转变换：

图 4.6　缺陷目标经增广变换后偏离图像视野范围

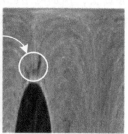

（a）缺陷样本的原始图像　　　　　　　　　（b）经极坐标变换后的图像

图 4.7　细小缺陷经极坐标变换后

(2)基于深度网络的图像合成算法往往耗时较长，不适合在产品生产的第一线使用。

在食品生产和加工行业，食品本身的外形和包装的样式，随着生产批次的不同往往不是一成不变的。例如在果蔬加工行业，不同年份、不同季节生产的果品在外观上往往有着不小的差别；而在零食、饮料生产企业中，不同口味、不同容量的产品包装在外观上也不尽相同，甚至当季的营销活动也会一定程度影响包装设计。在这些情况下，生产厂家需要对食品(包装)外观缺陷检测系统进行及时、快速的更新和迭代，即需要多次重复图 4.1 的操作流程。而基于 GAN 模型的数据增广方法，如 DCGAN 网络，通常训练耗时较长，时间成本过高。虽然数据增广的质量直接影响深度网络的训练效果，但作为训练前的一项准备工作，数据增广耗费过多的时间和人力显然不是一个明智的选择。

综上所述，设计一种高效、准确的数据增广方式，对于产品表面缺陷分类和识别而言，就显得格外重要了。

4.2 小样本驱动的卷积神经网络

针对产品表面缺陷样本量不足的问题，本书提出一种小样本驱动的卷积神经网络（Small Data Driven Convolutional Neural Network，SDD-CNN）分类算法。算法由半监督式数据增广方法（Semi-supervised Data Augmentation，SSDA）和基于迁移学习（Transfer Learning）的卷积神经网络模型组合而成。其中，本书提出的 SSDA 增广方法在经典数据增广操作的基础上，兼顾了缺陷目标的形态和位置特征，在增广的同时保持了样本原有的标签属性，为深度网络的训练提供了优质的数据支持。

4.2.1 半监督式数据增广方法

鉴于当前数据增广方法所存在的问题和缺陷，面向产品表面缺陷样本集的增广算法必须符合以下原则：即在保证缺陷目标形态不受破坏、保留样本原有标签属性的前提下，快速且有效地进行数据集的增广。半监督式数据增广方法（下面简称 SSDA）正是基于这种考量而提出来的。为了满足这一原则，SSDA 主要从以下三个方面进行思考和设计：

1）准确定位缺陷目标

在深度学习领域，主要有以下两类基于卷积神经网络的目标检测方法：基于候选区域的目标检测方法，如 R-CNN[168]、SPP-Net[169]、Fast R-CNN[170] 和 Faster R-CNN[171] 等；基于回归的目标检测方法，如 YOLO[172][173] 和 SSD[174]。然而，此类目标检测网络为了达到较好的检测效果，往往需要样本充足的数据库作为训练支持，而本书所研究的小样本数据集显然无法满足此条件。为此，本书引入 Zeiler 等人[175] 提出的遮挡实验（Occlusion Sensitivity Experiments，OSE），在不搭建目标检测网络的前提下实现缺陷目标的粗提取。

遮挡实验，顾名思义就是通过滑窗方式对原始图像中的不同区域进行遮挡，然后将遮挡后图像送入 CNN 进行分类识别，观察遮挡后图像的分类结果与真实类别（Ground Truth，GT）的分类置信度。如图 4.8 所示，第二列为遮挡图像的分类结果映射图，第三列为 GT 置信度的映射图。一个训练效果良好的分类器应有以下性质：

（1）当样本中的背景区域被遮挡时，识别结果几乎不受影响，GT 置信度也比较高；

（2）当缺陷目标被完全遮挡时，则有可能识别为错误类别，GT 置信度也会非常低。

若对 GT 置信度的映射图设置一个合理的分割阈值 T_{GT}（如文献[175]中的经典值 $T_{GT} = 0.4$），再将所得区域映射到原图像，即可比较完整地提取到缺陷目标。可见，通过遮挡实验可以准确且快速地对缺陷目标进行定位。

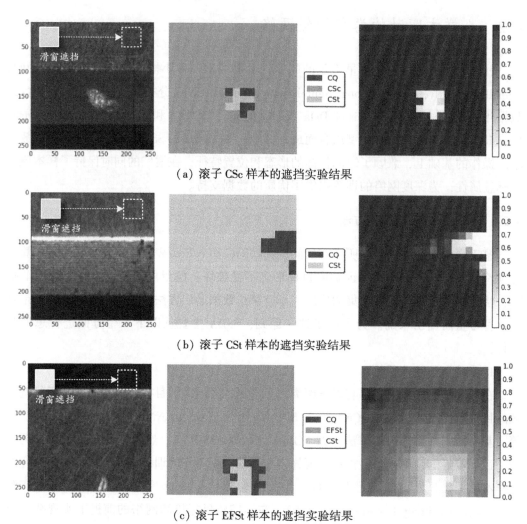

（a）滚子 CSc 样本的遮挡实验结果

（b）滚子 CSt 样本的遮挡实验结果

（c）滚子 EFSt 样本的遮挡实验结果

图 4.8　滚子缺陷样本的遮挡实验结果：第 1 列为原始图像，第 2 列为分类
结果的映射图，第 3 列为 GT 置信度的映射图

2）完整保留缺陷形态

在对缺陷目标进行准确定位后，需要在数据增广过程中确保其外观形态不被分割或扭曲。为此，本书在 GT 置信度小于 0.4 的区域内随机选择一点，将其映射到原图像，作为裁剪中心，裁剪大小根据后续所使用的 CNN 架构不同而定，裁剪边界不超出原图范围，如图 4.9 所示。如此，即可完整地保留缺陷目标。然后，将裁剪后图像作为数据增广的源图像，进行一系列图像增强的处理，包括尺度变换、平移变换、旋转变换、镜像变换等。在这一过程中，由于缺陷目标始终位于图像视野范围内，因此可以保证增广后图像样本原有标签属性不变，符合"标签保留"原则。

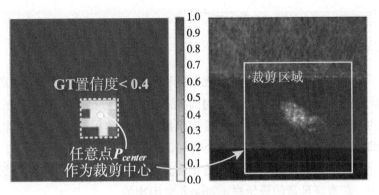

图 4.9　裁剪规则示意图

3）保证算法整体执行效率

为了确保整个产品缺陷分类系统实现快速更新和迭代，数据增广必须保证执行的高效率。SSDA 方法中耗时较长的部分，主要是遮挡实验前粗分类器的训练。因此，CNN模型的选择就显得非常关键。本书使用 GoogLeNet 模型对原始数据集进行预训练，选择的原因在于：作为一个被广泛认可的 CNN 架构，其不仅能保证较高分类准确率，而且与其他卷积层数相近的架构相比参数量更少、训练时间更快。

综上所述，SSDA 算法的实现可以总结为以下四步，流程图如图 4.10 所示：

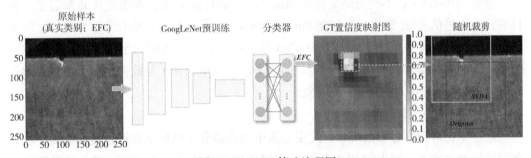

图 4.10　SSDA 算法流程图

（1）使用 GoogLeNet 模型对原始数据集进行预训练，生成粗分类器 C_{coarse}；

（2）使用分类器 C_{coarse} 对所有原始样本进行遮挡实验，生成 GT 置信度映射图 $P_{GT}(x, y)$；

（3）在 $P_{GT} < 0.4$ 区域内随机选择一点，将其映射到样本原图像，作为样本的裁剪中心；

（4）将裁剪后图像作为数据增广的原图像，进行一系列图像增强的处理，包括尺度变换、平移变换、旋转变换、镜像变换等。

使用 SSDA 方法对产品表面缺陷数据集进行增广，可以在扩充数据量的同时，保证原有缺陷的形态、标签属性基本不受影响，提高分类网络泛化能力的同时，降低过拟合的风险。

4.2.2 迁移学习和待选 CNN 架构

在深度学习中，模型训练所需要的数据量和模型的体量之间可以认为是线性正相关的关系。而模型的体量（规模）足够大，才能充分地学习数据间不同部分的语义联系和待解决问题的内在信息。模型的规模主要指参数量以及卷积层的深度和宽度。可以说，待解决问题的复杂度越高，模型参数的个数和训练所需要的数据量也越大。然而，构建和制作大规模、高质量的带标注数据集是非常消耗时间和人力的，甚至在部分的表面缺陷分类任务中，获取到足量的原始样本都是非常困难的。

为了解决大体量模型和少量训练样本之间的矛盾，迁移学习应运而生。一般地，给定基于目标数据集 D_t 的学习任务 T_t，基于源数据集 D_s 的学习任务 T_s，迁移学习是指从 D_s 和 T_s 中获取到对任务 T_t 有用的信息[176]。可以说，迁移学习的目标是发掘并转换 D_s 和 T_s 中的隐藏信息，从而提高任务 T_t 的预测函数 $f_T(\cdot)$ 的表现，其中 $D_s \neq D_t$ 且 $T_s \neq T_t$。在大多数时候，D_s 的规模远远大于 D_t 的规模，其中，D_s 表示源域，D_t 表示目标域，T_s 表示源任务，T_t 表示目标任务。针对深度学习而言，迁移学习则是将从源领域中学习到的特征，通过共享网络结构、部分特征图谱和模型参数的形式，迁移到目标领域中，从而提高目标任务的性能表现。

为了进一步验证 SSDA 方法对不同 CNN 架构的适用性，探讨迁移学习所带来的优势，分析 SDD-CNN 在不同网络架构和训练策略下的性能表现，本书选择并部署了 4 种目前较为先进的 CNN 架构，分别是 SqueezeNet v1.1[177]，GoogLeNet[163]，VGG-16[179] 和 ResNet-18[180]。其中，虽然 VGG 和 ResNet 模型可以扩展至更深的层数，但考虑到实际生产中的部署和运行效率以及对比实验的公平性，这里选择了与前两个模型层数更相近的 VGG-16 和 ResNet-18 作为研究对象。

1. SqueezeNet v1.1

近年来，对深度卷积网络的研究主要集中在提高分类准确率和识别精度方面。然而在同样精度水平上，更小的 CNN 架构可以提供更高效的分布式训练、更少的参数量以及更适合在内存受限的设备（如 FPGAs）上部署。2016 年提出的 SqueezeNet[177] 在 ImageNet 上达到了与 AlexNet 相同的精度，但只使用了 AlexNet 约 1/50 的参数量，可以说在压缩模型结构、优化部署效率上实现了较大提升。

其中，点火模块是实现 SqueezeNet 的关键，它由压缩层和扩展层组成。压缩层只使用尺寸为 1×1 的卷积核，与 3×3 的卷积核相比参数量为 $\frac{1}{9}$。而扩展层则混合了 1×1 和 3×3 的卷积核，如图 4.11 所示。其中，当卷积核数量符合：

$$s_{1\times1} < e_{1\times1} + e_{3\times3} \tag{4.1}$$

的时候，可有效减少 3×3 卷积层的输入通道数量。另外，在 SqueezeNet 中，池化层被放在网络中更加靠后的位置，这样可以为前期的卷积层提供更大的特征图谱。一个更大的特征图谱可以保留更多的信息，并提供更高的分类精度。总之，这些策略使得 SqueezeNet 在保证精度的同时大大减少了参数的数量。

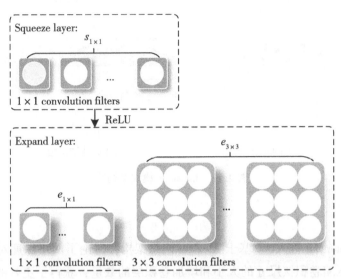

图 4.11 SqueezeNet 中点火层的卷积核构造

2. GoogLeNet

在 CNN 发展的前期，想要提升网络性能，最直接的办法就是增加网络深度和宽度。但是，这也会带来巨大的参数量。而大量的参数容易使网络产生过拟合现象，同时也会大大增加计算量。2014 年 Szegedy 等人[163]认为，要解决这一矛盾的根本原则，是将网络中的全连接和大尺寸卷积核的卷积层都转化为稀疏连接。原文进而提出 Inception 结构，如图 4.12(a)所示，让网络整体既保持了结构的稀疏性，又能充分利用密集矩阵的高计算性能。该结构主要有以下特征：

(1)各分支采用了不同大小的卷积核，这让输出特征拥有了不同大小的感受野，最后使用合并拼接将不同尺度特征进行融合。

(2)采用了大小为 1×1、3×3 和 5×5 的卷积核，可以更方便地实现对齐。在设定卷积步长 stride 为 1 之后，分别设定 padding 值为 0、1、2，即可得到相同大小的特征图谱，以便将这些特征直接拼接在一起。

(3)池化层的加入可以进一步增加结构的稀疏性，降低过拟合的风险。

但同时，原文也意识到，5×5 的卷积核仍然会带来巨大的计算量。因此，在 3×3 和 5×5 卷积层前面，加入 1×1 卷积层进行特征降维，改进后的 Inception 结构如图 4.12(b) 所示。最终，GoogLeNet 采用了模块化的设计，使用 Inception 结构搭建而成。除此之外，GoogLeNet 还在以下两方面对网络进行了优化：①使用均值池化层代替全连接层，降低整体参数量的同时，细微提升了分类准确率；② 在网络中期，额外增加两个辅助分类器用于向前传导梯度，有效避免了梯度消失，提升网络训练效率。

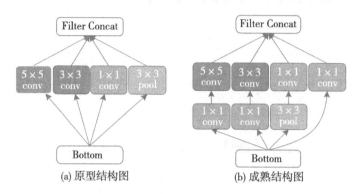

(a) 原型结构图　　　　　　　　(b) 成熟结构图

图 4.12　Inception 模块结构图

3. VGG-16

2014 年 Simonyan 等人[179]基于 AlexNet 网络架构，讨论了网络深度对图像识别精度的影响，通过压缩卷积核尺寸的大小和增加卷积层的数量，获得了更好的分类性能，并首次通过 VGG 模型将 CNN 的深度推到了 16~19 层。本书使用的 VGG-16 架构在网络设计上具有以下特点：

（1）所有的卷积层都使用 3×3 或 1×1 尺寸的卷积核来减少模型参数的数量；

（2）池化层采用最大值池化策略，并仅在第 2 层、第 4 层、第 7 层、第 10 层和第 13 层卷积层之后放置池化层，保证网络前期特征图谱足够大，增强网络特征表达能力。模型结构简图如图 4.13 所示。

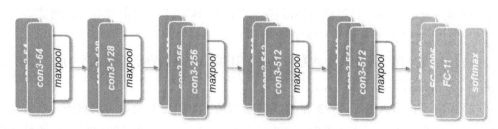

图 4.13　VGG-16 模型结构简图

4. ResNet-18

在 VGG 模型被提出后，研究人员发现随着网络层数的逐渐深入，反而出现了准确率下降的现象。对此 He 等人[180]提出了一种新的网络结构，即深度残差网络（Deep Residual Network，ResNet）。在传统的卷积神经网络或全连接网络中，信息传输过程中或多或少会发生信息丢失。同时，深层的网络结构可能会引起梯度消失或梯度爆炸，导致无法进行有效训练和学习。

如图 4.14 所示，ResNet 在一定程度上解决了这个问题，它直接将输入信息作为一个分支汇入输出端，保护了信息的完整性。同时带来的另一个好处是，下一层只需学习前一层输入和输出之间的差异部分即可。这大大简化了网络学习目标和收敛难度。在具体实现中，ResNet 主要有两种残差模块：一种是将两个 3×3 卷积层串联，另一种则是将 1×1、3×3 和 1×1 三个卷积层依次串联使用。

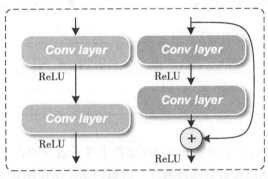

图 4.14 直连式模块与残差模块的结构对比图

4.3 SSDA 普适性分析及 CNN 架构选择

4.3.1 使用数据集和训练策略说明

本书所使用实验平台的性能指标和参数如表 4.1 所示。以下所有实验均是基于本书的 Caffe[181] 分支平台进行的，这是一个用于深度学习训练、部署的快速、开源框架。

表 4.1　　　　　　　　　　　实验平台参数列表

CPU：Intel E3-1230 V2 * 2 (3.30 GHz)	内存：16 GB DDR3	GPU：NVIDIA GTX-1080Ti
操作系统：Ubuntu 16.04 LTS	编程环境：Visual Studio Code with Python 2.7	

在选择数据集方面，由于 SSDA 方法的优势更多体现在面对细小缺陷时的数据增广精确度，因此本书采用了北京交通大学公开的铁轨表面缺陷数据集[182]以及本书建立的滚子表面缺陷数据库[183]进行 SDD-CNN 的测试实验。

（1）铁轨表面缺陷数据集收集了火车铁轨表面各种形态的结构断裂和缺陷样本，用于铁轨自动化检修的研究。数据集原有合格样本 504 张，缺陷样本 124 张，使用 SSDA 方法进行增广后共有 1800 张样本，其中训练集 1080 张，验证集 360 张，测试集 360 张，各部分比例同样为 3∶1∶1。样本示例和分布如表 4.2 所示。

表 4.2　　　　　　　　　　　　铁轨表面缺陷集增广后样本分布

类别	合格样本		缺陷样本	
样本示例				
训练集	600		480	
验证集	200		160	
测试集	200		160	
样本总量	1000		800	

（2）滚子表面缺陷数据集收集了空调压缩机中滚子表面的各种形态样本，用于自动化视觉检测研究。原始图像经过圆环展开、滑窗切割、图像增强等预处理后制作而成，样本示例和分布如表 4.3 所示。其中 EFQ 和 CQ 两类为无损表面样本，其余类别均为缺陷样本。数据集在使用 SSDA 方法进行增广后共有 22400 张样本。其中训练集 13440 张，验证集 4480 张，测试集 4480 张，各部分比例同样为 3∶1∶1，如表 4.4 所示。

表 4.3　　　　　　　　　　　滚子表面缺陷数据集原始样本分布

类别名	EFQ *	EFC	EFI	EFSc	EFSt	EFSF
样本数	1500	470	70	160	90	220
样本示例						
类别名	CQ	CC	CI	CSc	CSt	
样本数	1000	350	155	30	105	
样本示例						

＊类别说明——EFQ（end-face qualified）：端面完好；EFC（end-face cracks）：端面缺口；EFI（end-face indentations）：端面铣槽；EFSc（end-face scratches）：端面刮痕；EFSt（end-face stains）：端面污点；EFSF（end-face serious fracture）：端面严重断裂；CQ（chamfer qualified）：倒角完好；CC（chamfer cracks）：倒角缺口；CI（chamfer indentations）：倒角铣槽；CSc（chamfer scratches）：倒角刮痕；CSt（chamfer stains）：倒角污点。

表4.4 滚子表面缺陷集增广后样本分布

类别	EFQ / EFC / EFI / EFSc / EFSt / EFSF	CQ / CC / CI / CSc / CSt
训练集	1440	960
验证集	480	320
测试集	480	320
样本总量	2400	1600

本次实验共使用3种不同的训练策略对4.2.2节提到的4个CNN架构进行滚子表面缺陷分类任务训练。前两个策略均为从零开始训练CNN，意味着所有网络参数均为使用高斯分布的随机数进行初始化。其中，策略一使用与文献[163]类似的经典增广方法进行数据增广。策略二则使用本书提出的SSDA方法进行数据集扩充。策略三是基于模型作者团队预训练好的模型进行迁移学习，微调(Fine-tuning)的操作涉及网络的所有层，包括卷积层和全连接层。从这个角度来看，本书将其称为深度迁移策略(Deep Transfer)。第三种策略使用与第二种策略相同的数据集。本书称由策略二和策略三训练得到的网络为小样本驱动的卷积神经网络(SDD-CNN)，因为它们均使用了SSDA方法进行数据增广。另外，这12种训练策略(4种CNN架构×3种策略)均使用了相同的超参数配置，如表4.5所示。

表4.5 训练超参数配置表

momentum：0.9	learning rate：0.005
weight decay：0.0005	batch size：32

4种CNN架构的网络层数和参数量如表4.6所示。SqueezeNet得益于其特殊的点火模块设计，参数量是4种模型中最少的；GoogLeNet和ResNet18有相近数量的参数量；VGG16体量最大，比GoogLeNet参数量多5倍以上。

表4.6 4种CNN架构的基本属性和训练策略列表

模型名称	训练策略	卷积层数	参数量
SqueezeNet v1.1	from scratch		
SDD-SqueezeNet v1.1	from scratch	18	728139
SDD-SqueezeNet v1.1	deep transfer		

续表

模型名称	训练策略	卷积层数	参数量
GoogLeNet	from scratch		
SDD-GoogLeNet	from scratch	18	24734048
SDD-GoogLeNet	deep transfer		
VGG16	from scratch		
SDD-VGG16	from scratch	16	134305611
SDD-VGG16	deep transfer		
ResNet18	from scratch		
SDD-ResNet18	from scratch	18	11196107
SDD-ResNet18	deep transfer		

4.3.2　SSDA 普适性分析

　　图 4.15 和图 4.16 展示了不同模型和策略在训练中实现收敛所需的时间和迭代次数。显而易见的是，在从零训练的两种策略中，SDD-CNN 达到收敛所需的训练时间和迭代次数都比原生 CNN 少。这是因为对于滚子或铁轨的细小缺陷图像而言，SDD-CNN 的数据集更完整地保留了缺陷形态，使模型能更精确地提取目标特征，更快地达到收敛。具体来说，以滚子缺陷集为例，SDD-CNN 的收敛时间可以比原生 CNN 缩短至少 20%；而对 ResNet18 来说，这个数字可以达到 42%。在迭代次数上，SDD-CNN 也可以减少至少 20%；ResNet18 的这一比例更是达到 36%。SDD-CNN 的深度迁移学习策略，得益于其预训练模型，收敛时间和迭代次数均小于从零训练的 SDD-CNN。

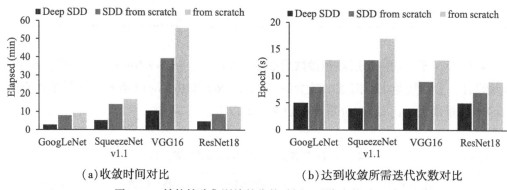

（a）收敛时间对比　　　　　（b）达到收敛所需迭代次数对比

图 4.15　铁轨缺陷集训练的收敛时间和迭代次数对比图

　　另一方面，从架构的角度来看，无论采用哪种策略，GoogLeNet 的收敛时间都是最短的。考虑到其参数量在 4 种架构中排第二，这一收敛速度可以说相当优秀。这应该归功于 GoogLeNet 高效的架构设计。就收敛速度而言，VGG16 是 4 个架构中最慢的，因为它需要优化的参数量巨大。

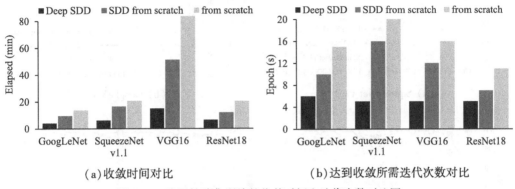

（a）收敛时间对比　　　　　　　　（b）达到收敛所需迭代次数对比

图 4.16　滚子缺陷集训练的收敛时间和迭代次数对比图

除了观察模型的收敛速度外，验证集的准确性也是考量模型训练性能的一个重要指标。由表 4.7 和图 4.17 可见，对铁轨缺陷集和滚子缺陷集而言，无论使用何种架构，在几乎所有类型的样本上，SDD-CNN 的准确性都高于原生 CNN。具体来说，以滚子缺陷集为例，对于 CI、CSc、EFC、EFI、EFSc、EFSt 类型的缺陷，无论是 SDD-CNN 还是原生 CNN 都表现出极高的分类性能。在剩余的 CQ、CC、CSt、EFQ 和 EFSF 类型的缺陷中：SDD-GoogLeNet 的准确率平均比 GoogLeNet 提高了 4.46%，其中对于 CQ 缺陷，这一数字高达 8.13%；SDD-SqueezeNet v1.1 平均增加了 6.62%，CQ 缺陷增加了 12.18%；SDD-VGG16 平均增加了 7.41%，EFQ 缺陷增加了 11.04%；SDD-ResNet18 平均增加了 6.75%，CQ 缺陷增加了 14.38%。

表 4.7　　　　　不同模型与策略在铁轨缺陷集上的验证集准确率（%）

	from scratch	SDD from scratch	Deep SDD
SqueezeNet v1.1	94.15	95.78	99.24
VGG16	92.23	97.95	99.49
ResNet18	94.75	98.48	99.67
GoogLeNet	91.53	97.43	99.76

此外，图 4.18 更是直观地表明了，无论采用何种网络架构，SDD-CNN 在收敛速度和准确率上总是优于原生 CNN。这一结果有力地证明了本书提出的 SSDA 方法在表面缺陷分类识别中的有效性以及对不同 CNN 网络的普适性。

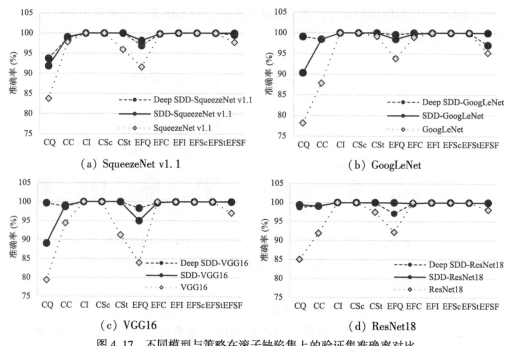

图 4.17 不同模型与策略在滚子缺陷集上的验证集准确率对比

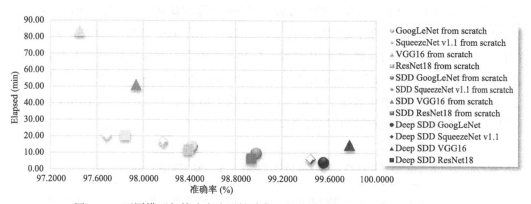

图 4.18 不同模型与策略在滚子缺陷集上的收敛时间和验证集准确率对比图

4.3.3 CNN 架构选择

接下来,本书对 4 种深度迁移的 SDD-CNN 在滚子缺陷数据库的测试集上的性能进行了更深入的比较,为最终挑选合适的 CNN 架构做准备。图 4.19 展示的实验结果表明,4 种模型的 Top-1 准确率均超过 99%,Top-5 准确率达到 100%。其中,SqueezeNet v1.1 的 Top-1 准确率最低,GoogLeNet 和 VGG16 均超过 99.5%。图 4.20 则展示了不同模型下各类滚子缺陷样本的召回率。可以看出,4 种模型对 CI、CSc、CSt、EFI、EFSc、EFSt 6 个缺陷的召回率均为 100%,表现出良好的稳定性。考虑到滚子表面 60% 以上的区域为端面区(end face),裂纹又是滚子表面最常见的缺陷之一,因此 EFQ(端面合格样本)和 EFC(端面裂纹样本)两类样本的召回率是评价分类器性能的重要指标。
GoogLeNet 在这两类上的召回率都超过了 99%。由于其训练时间最短,分类性能突出,
可以说是 4 种体系结构中最适合进行滚子表面缺陷分类的网络模型。

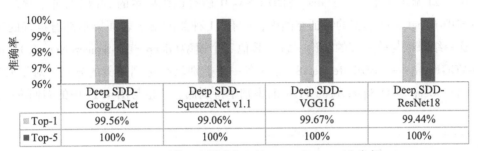

	Deep SDD-GoogLeNet	Deep SDD-SqueezeNet v1.1	Deep SDD-VGG16	Deep SDD-ResNet18
▨ Top-1	99.56%	99.06%	99.67%	99.44%
■ Top-5	100%	100%	100%	100%

图 4.19 不同模型在测试集上的 Top-1 和 Top-5 准确率

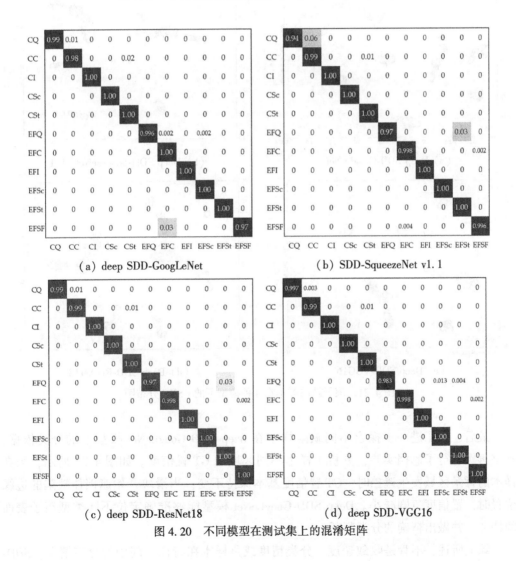

(a) deep SDD-GoogLeNet (b) SDD-SqueezeNet v1.1

(c) deep SDD-ResNet18 (d) deep SDD-VGG16

图 4.20 不同模型在测试集上的混淆矩阵

　　为了更好地评估一个深度学习模型，最直观的方法是直接展示样本在特征空间中的分布情况。t-SNE（T-distributed Random Neighbor Embedded）[184-185] 是目前最流行的高维数据降维算法，常用于深度网络的可视化研究中[59]。

　　图 4.21 显示了上述 4 个 deep SDD-CNNs 中所有训练样本的 t-SNE 分布。显然，在 deep SDD-GoogLeNet 模型的特征空间中，所有 11 种类的滚子表面样本都有极好的区分度。这一结果也与前一节的结论一致。其他三个模型（deep SDD-SqueezeNet v1.1、deep SDD-VGG16 和 deep SDD-ResNet18）都各有一些类别没有达到完美的分割。对于 CC 和 CQ 样品，deep SDD-SqueezeNet v1.1 的识别率特别低，这也与图 4.17 中的召回率一致。

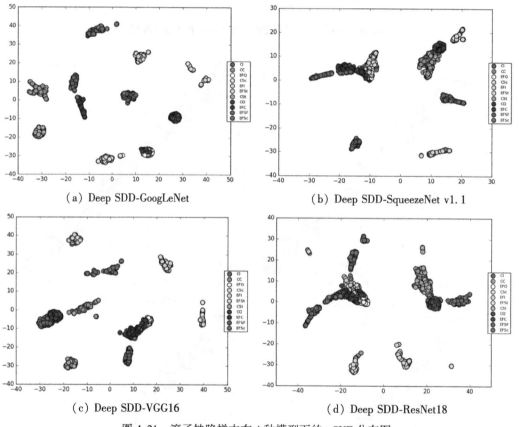

（a）Deep SDD-GoogLeNet　　　　　　（b）Deep SDD-SqueezeNet v1.1

（c）Deep SDD-VGG16　　　　　　（d）Deep SDD-ResNet18

图 4.21　滚子缺陷样本在 4 种模型下的 t-SNE 分布图

　　最后，为了进一步探索不同缺陷样本在 deep SDD-GoogLeNet 模型下的分类依据，本书再次进行了遮挡实验，分析了样本不同区域的 GT 置信度。如图 4.22 所示，当在样本的背景区域发生遮挡时，GT 置信度基本保持不变；当滑块开始遮挡住缺陷的边缘位置时，置信度急剧减小。Deep SDD-GoogLeNet 模型能够准确定位不同类型滚子表面的特征，并做出精确的分类判断。

　　综上所述，不管是收敛速度、分类精度或是样本在特征空间中的分布情况，SDD-

GoogLeNet 模型在滚子表面缺陷数据集上都具有优异的性能和表现。因此，本书挑选 GoogLeNet 与 SSDA 组成 SDD-CNN 算法，为小样本的产品表面缺陷数据集进行分类与识别。

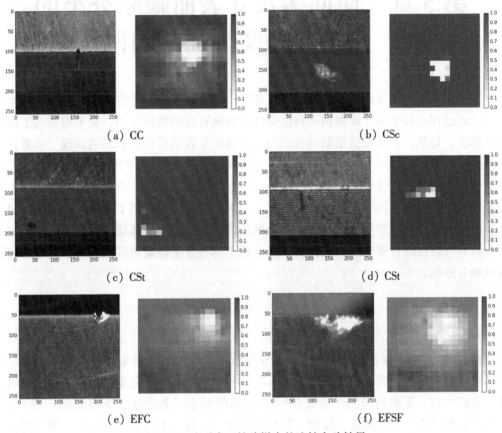

图 4.22　滚子表面缺陷样本的遮挡实验结果

4.4　本章小结

本章从面向小样本的学习问题出发，首先给出了深度学习领域中数据增广的定义，阐述了数据增广和图像增强之间的关系；随后，对经典数据增广方法进行了阐述说明，并分析了这些方法的优势与不足；最后，介绍本书提出的基于半监督数据增广方法和迁移学习的表面缺陷分类算法，该算法的核心在于设计了一种半监督式的数据增广方法，以缓解原始数据量不足的问题，再通过迁移学习的方法解决网络训练和过拟合的问题；最后，通过将该方法部署在不同的 CNN 架构上进行实验与测试，验证了该方法的鲁棒性和有效性，并最终选择了 GoogLeNet 作为 SDD-CNN 的网络主体。

第5章　面向多尺寸表面缺陷分类的多尺度特征学习网络

基于深度学习的表面缺陷检测方法，相比于传统的机器视觉方法，最显著的特点在于可以通过训练和学习让深度网络自适应地提取最有效的特征图谱，而不需要人工设计特征算法。显然，特征图谱提取的合适与否直接决定着最后分类识别的表现。本章首先从产品表面缺陷的外观尺寸切入，阐述了目前深度学习领域内若干种主流方法对多尺度特征的处理机制，并分析了这些方法中仍然存在的问题与不足。然后，重点介绍了本书提出的基于双模特征提取器的多尺度特征学习网络，并详细介绍了其中特征提取器的设计、网络的具体参数和指标以及为了提升网络训练效率而做的其他设计。最后，通过对两个具有代表性的自建数据集进行测试，验证了本书方法在面对多尺度特征问题上的先进性和有效性。

5.1　引言

经过第2、第3章的算法和处理，深度学习中表面缺陷数据集类间不平衡的问题以及样本数量不足的问题基本已经解决。从本章开始，本书将研究重点重新聚焦到缺陷本身。我们知道，不同的产品，表面(外观)缺陷的形态千差万别，就算是同一种产品，不同类别的缺陷也会在颜色、纹理、形状或尺寸上有着不小的差异。其中，深度网络对缺陷之间尺寸的变化响应最敏感[186]，这是因为卷积神经网络中卷积核的感受野(Receptive Field)与目标特征的大小息息相关，网络对不同尺度特征表达能力的好坏，直接决定了其对不同尺寸缺陷的分类识别能力。因此，本小节将从产品表面缺陷的外观尺寸特征入手，分析主流卷积神经网络对不同尺度特征的处理机制，试图解决和提高深度网络对不同尺度特征的表达和分类能力。

5.1.1　多尺寸表面缺陷的特征提取问题

多尺寸表面缺陷的特征提取问题，指的是对于同一种产品而言，缺陷的外形尺寸可能存在较大差别，而一般基于深度学习的分类或检测网络往往只包含若干个特定尺度的感受野，不能兼顾所有尺度的缺陷特征表达。因此，如何设计能同时兼顾多尺度特征提取的深度网络便成了研究的重点。

图5.1~图5.3分别展示了两个公开数据集(智利天主教大学收集的焊点缺陷数据集[187]和中国科学院自动化所收集的磁瓦缺陷数据集[188])和一个自建的滚子表面缺陷数

据集中外观尺度差别较大的缺陷样本及其对应标注位置。由样本图可以发现，不同缺陷类型之间的尺寸差别巨大，给分类和识别带来了极大的挑战。另外，即使是同一种缺陷，不同样本之间尺寸也不尽相同。图 5.4 展示了两个数据集内所有缺陷类型的面积统计情况。可以看到，在磁瓦缺陷集中，磨损和不均两种"大型"缺陷，平均面积是气孔缺陷的 60 余倍；磨损缺陷中的最大样本面积超过了气孔缺陷的最大样本 140 倍之多。而在滚子缺陷集中，CI 缺陷的面积均值接近 17000 像素，而 CC、CSc、CSt、EFC、EFSc、EFSt 等类型缺陷均值均不超过 1000 像素。可见，这两个缺陷数据集存在较明显的多尺度特征问题。

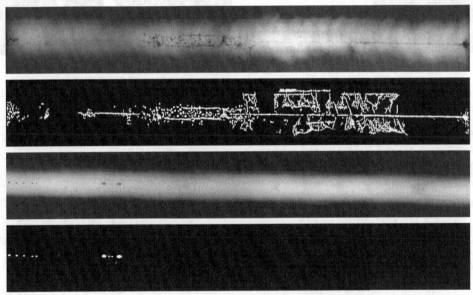

图 5.1　焊点缺陷中尺度差别较大的样本及标注位置

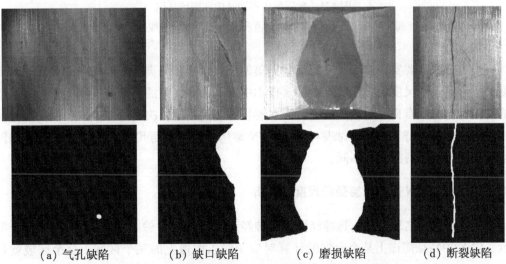

（a）气孔缺陷　　　　（b）缺口缺陷　　　　（c）磨损缺陷　　　　（d）断裂缺陷

图 5.2　磁瓦表面尺度差别较大的缺陷样本及标注位置

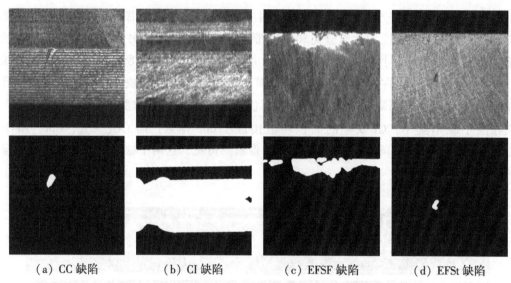

（a）CC 缺陷   （b）CI 缺陷   （c）EFSF 缺陷   （d）EFSt 缺陷

图 5.3 滚子表面尺度差别较大的缺陷样本及标注位置

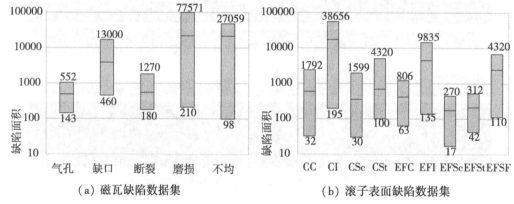

（a）磁瓦缺陷数据集   （b）滚子表面缺陷数据集

图 5.4 数据集内不同缺陷面积统计图

（每个柱形上下边线表示最大值和最小值，中间横线表示均值）

不难想象，要实现对多尺度特征数据集的准确识别和分类，深度网络必须能同时提取和学习到不同尺度的特征信息，即对样本中宏观的、大型的缺陷目标和微观的、细小的缺陷目标都具有良好的表达能力。而在卷积神经网络中，决定特征提取尺度的指标便是卷积核的感受野。下面探讨现有经典 CNN 架构中的感受野尺度大小，并分析不同网络多尺度特征学习能力的不同。

5.1.2 经典 CNN 架构中感受野尺度的分析

感受野，顾名思义指的是神经网络中神经元能"看到的"输入区域[189]。如图 5.5 所示，CNN 中特征图谱上某个元素的计算对应于输入图像上的某个区域，这个区域就是该元素的感受野。由图中可见，感受野是一个相对概念，某一层特征图谱上的元素所能

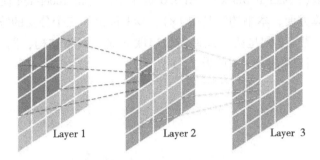

图 5.5　CNN 中的感受野示意图

看到前面不同层上的区域范围是不同的，下文如无特殊说明，感受野指的是看到输入图像上的区域大小。第 i 层特征图谱的感受野 RF_i 可以由以下公式计算：

$$\mathrm{RF}_i = \mathrm{RF}_{i-1} + K_i * \prod_{k=1}^{i-1} S_k \tag{5.1}$$

其中，K_i 和 S_i 分别表示第 i 层卷积核的大小和步长。另外，对于输入层，可以认为 $\mathrm{RF}_0 = 1$，$S_0 = 1$。

近年来，不少研究人员尝试从 CNN 的网络结构入手，试图通过优化设计提高模型对多尺度目标的分类性能，包括 Tang 等人[190] 和 Kim 等人[191] 的工作。但本质上来说，这类型网络的性能都是建立在若干经典 CNN 架构之上。下面逐一探讨目前经典 CNN 架构中的感受野分布情况。

1）AlexNet 和 VGG

由前面章节的介绍可知，AlexNet 和 VGG 的网络模型中均不存在分支结构，即所有卷积层首尾相连，信息在网络中只存在一条通路。因此，全连接层之前最后一层特征图的感受野大小是统一的。两个网络最后一层感受野大小如表 5.1 所示。

表 5.1　　　　　　　　　AlexNet 和 VGG-16 最后一层特征图谱的感受野

网络模型	最后一层特征图	感受野
AlexNet	pool5	195×195
VGG-16	pool5	212×212

由表中可见，两个网络在进入全连接层和分类器之前，最后一层特征图谱的感受野都接近 200×200，而两个网络的输入图像尺寸均为 224×224。可以说，两个网络模型最终提取到的特征信息更偏向于宏观的、抽象的特征，对微小的、具象的特征提取不足。

2）GoogLeNet 和 ResNet

与前两个网络截然不同的是，GoogLeNet 和 ResNet 模型具有丰富的分支结构。这得益于两者模块化的设计思路，GoogLeNet 的最小模块单元称为 Inception，ResNet 的最小模块则是残差模块(Residual Block)。图 5.6 是 4 个简化的 Inception 模块进行串联的局部结构。为了计算方便,本书约定其中 1×1、3×3 和 5×5 三个分支的输出特征图数量的比例为 2∶1∶1。图 5.7 则是两个残差模块串联而成的网络结构,同样为了计算方便,约定所有分支的特征图输出比例均为 1∶1。

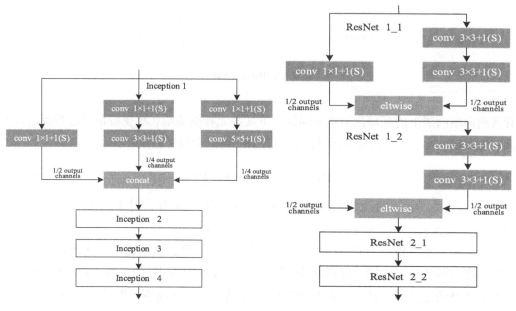

图 5.6　4 个 Inception 模块串联结构　　　　图 5.7　2 个残差模块串联结构

　　图 5.8 和图 5.9 揭示了两个网络随着卷积层的深入,特征图的感受野演化情况。从图中可看到,虽然各个尺度感受野的具体数量不完全相同,但二者均揭示了一个共有的特点,即在卷积网络的初期,感受野往往尺寸比较小,对图像的微观和局部信息更敏感,学习能力更强;而在网络的中后期,随着卷积次数的累加,特征图谱变得更加抽象,更偏向于对宏观、全局信息的表达。

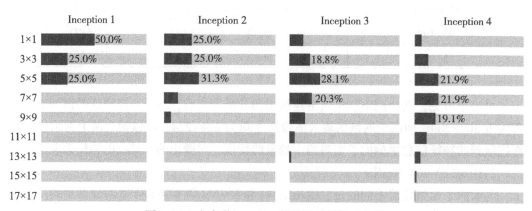

图 5.8　4 个串联 Inception 模块的感受野分布图

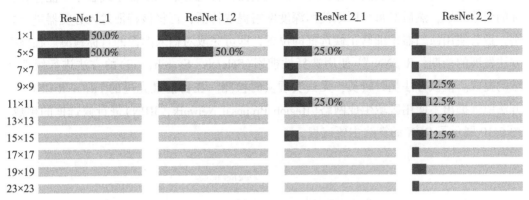

图 5.9　2 个串联残差模块的感受野分布图

另外，虽然在图 5.8 中第 4 个模块的分布图上，仍然能看到 1×1、3×3 和 5×5 等 "小型"感受野的身影。但随着网络的深入，这些局部感受野都会逐渐消亡。表 5.2 展示了 GoogLeNet 和 ResNet-18 模型中，最后一层特征图的最小和最大感受野尺度分布，显然已经没有了局部感受野的身影，取而代之的全是宏观的大型甚至超大型感受野。

表 5.2　**GoogLeNet 和 ResNet-18 最后一层特征图谱的感受野最大值和最小值**

网络模型	最后一层特征图	最小感受野	最大感受野
GoogLeNet	pool5/7×7_s1	267×267	907×907
ResNet-18	pool5	203×203	627×627

综上可见，传统 CNN 模型在网络设计上都具有类似的特点，即在网络初期着重学习图像的局部和具象的信息，到网络中后期则专注于宏观和抽象信息的提取。当然，这在绝大部分目标分类和检测应用中是合乎逻辑且行之有效的。但对于本章研究的具有多尺度特征的表面缺陷数据集，显然不是最优的选择。

5.1.3　目标检测网络中的多尺度机制

本书始终专注于基于卷积神经网络的目标分类研究。但所谓分类与检测是一对同根异果的"孪生兄弟"，在深度学习领域中，目标检测网络同样需要处理不同尺度目标的特征提取问题。并且，由于实际检测任务中涉及更多的多尺度应用场景，目标检测算法发展出了一系列较为成熟的应对多尺度目标的方法。因此，在正式解决目标分类中的多尺度问题前，先深入探讨目前最先进目标检测网络中的多尺度处理机制显然是深有裨益的。

上一章提到，基于深度学习的目标检测方法，主要分为基于候选区域的方法和基于回归的方法两类。其中，基于候选区域的方法显然与本书研究的多尺度特征问题有着更密切的联系。这一类方法的工作原理可以归纳为：首先对输入图像生成若干可能存在目标的候选区域，然后对每个区域使用深度网络提取特征，再将该特征送入分类器进行判别，最后使用回归器精细修正候选框的位置，即可完成对输入图像的目标检测。在该类方法发展的初期，R-CNN[168]使用选择性搜索（Selective Search，SS）的方法进行候选区域的提取。但该方法耗时较长，无法实现实时检测。在目前最先进的 Faster R-CNN[171]方法中，提出了使用区域生成网络（Region Proposal Network，RPN）进行候选框的生成。图 5.10 展示了 RPN 的算法主要流程。

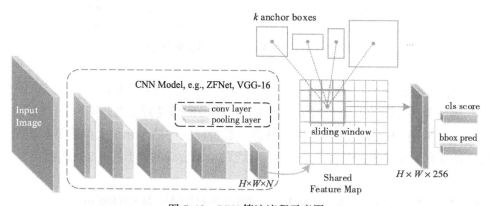

图 5.10　RPN 算法流程示意图

由图中可见，输入图像首先经过一个 CNN 网络进行特征学习，生成"共享特征图谱"（Shared Feature Map），即最后一层卷积层的输出图谱。假设该图谱尺寸为 $H \times W \times N$，H 和 W 表示特征图的宽和高，N 表示特征图谱数量。然后使用 3×3 的滑窗对共享特征图进行卷积，生成 $H \times W$ 个 256 维的特征向量，每个特征向量描述的是原图对应坐标处的 k 个锚点区域（Anchor Box）的特征信息。锚点区域为一系列面积和比例不同的矩形框，如 Faster R-CNN 原文中对每个坐标提出 $k = 9$ 个候选区域：3 种面积{128×128，256×256，512×512}，每种面积分别包含 3 种比例{1∶2，1∶1，2∶1}。接着，这 $H \times W$ 个 256 维特征向量将分别送入两个全连接层，生成对应锚点的分类预测结果和选框预测结果。如此，RPN 网络即通过卷积神经网络实现了候选区域的生成和筛选。

不难发现，RPN 应对多尺度特征问题主要靠以下两个机制：

（1）利用 CNN 中不同的卷积感受野进行特征提取。Faster R-CNN 原文使用到两种 CNN 模型，分别是 ZFNet[175]和 VGG-16，两者均为无分支结构的网络形态。由前一节的分析可知，无分支结构的网络模型对多尺度特征的学习能力较弱。就算将其替换为有分支结构的 GoogLeNet 或 ResNet，对细小目标的特征学习能力依然不强。

（2）锚点区域的使用。尽管 RPN 算法使用了锚点区域机制，但同一面积不同比例的锚点可以认为是同一尺度水平的感受野，因此 Faster R-CNN 在锚点机制下也仅包含了 3 种不同的感受野，即{128×128，256×256，512×512}。对更小或者更大的目标特征仍然欠缺学习能力。其次，由于目标检测和目标分类中原始图像和特征图谱的大小差异，锚点机制并不适合移植到分类网络中使用。

综上，目标检测网络中的多尺度应对机制，大多数并不能直接迁移到目标分类任务中使用。因此，探索一种面向表面缺陷识别与分类的多尺度网络就非常有意义且必要了。

5.2 基于双模特征提取器的多尺度特征学习网络

要解决 CNN 对不同尺度特征表达能力失衡的问题，在进行网络设计和搭建时，需要在以下三方面加强：

(1)增加网络中单个卷积模块感受野的多样性。

由 5.1.2 节的阐述可知，单通路网络的感受野尺度单一，随着网络的加深，小尺度感受野逐渐消亡殆尽，在表面缺陷的分类任务中，不利于细小缺陷的特征表达。因此，本书选择具有分支结构的卷积层模块作为 MSF-Net(Multi-scale Feature Learning Network)网络搭建的基本单元。而在众多具有代表性的带分支结构模块中，Inception 结构以其丰富的感受野分支设计、计算轻量化的设计思路以及优秀的特征表达能力和分类准确率，在目标分类和检测领域备受网络设计者青睐。本书以 Inception v3[178] 结构为设计原型，作为 MSF-Net 中后期的特征提取模块。而在网络前期，为了减少参数量和计算量，本书选择 CReLU 模块[192] 为原型设计特征提取模块。如此，组成双模特征提取网络(Dual Module Feature Generator，DMF)。

(2)增加网络最后一层特征图感受野的多样性。

为了提高多尺度缺陷样本的分类准确率，在进入全连接层和分类器之前，最后一个卷积层的输出特征图谱必须保证有足够丰富的感受野尺度，尤其是小尺度感受野的数量。因此，本书从 HyperNet[193] 网络中得到设计灵感，在 MSF-Net 的全连接层之前，将若干个具有不同尺度感受野的中间层模块特征图谱进行组合，有效增加了最后一层特征图谱感受野的多样性。

(3)提升训练效率。

特征表达能力的提升，势必意味着网络层数的加深。因此，提升训练效率同样是网络设计中必不可少的一环。MSF-Net 从增加残差链路设计、批量标准化层(Batch Normalization，BN)的使用等方面，优化了网络训练效率，减少过拟合的发生。

为了解决卷积神经网络对小尺度特征学习能力不强的问题，提高网络对多尺度表面缺陷的分类识别能力，本书提出基于双模特征提取器(DMF)的多尺度特征学习网络(MSF-Net)。其中，DMF 是一个使用了两种不同类型的网络结构模块搭建而成的特征提取网络。该网络有效增强了特征图谱感受野的多样性，提升了 MSF-Net 对多尺度特征的学习和分类能力。

5.2.1 双模特征提取器

双模特征提取器 DMF 包含两种不同的网络模块：在 MSF-Net 的前期，主要使用 CReLU 模块进行搭建，目的是降低计算成本，加速传播计算；在网络后期，则主要采用 Inception 模块进行搭建，目的是提升网络的深度和宽度，增强特征学习能力。

1）CReLU 特征提取模块

CReLU 结构的设计思想来源于 CNN 网络特征激活图的一个有趣的现象。Shang 等人[192]的工作揭示了：在 AlexNet 网络的前期，特别是靠近输入层的前几个卷积层，相邻的特征激活图往往是反相的。图 5.11 对 AlexNet 中 conv1 层的全部卷积核进行了可视化，可以发现，几乎每一个卷积核都能在其相邻位置找到与其反相的另一个卷积核。

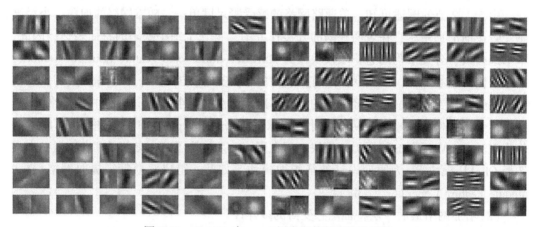

图 5.11　AlexNet 中 conv1 层卷积核的可视化图像

另一方面，在网络的前期，由于输入图像和特征图谱的尺寸都比较大，导致前向传播和反向传播的计算量均比较大。基于上述观察和考量，为了减少参数量、减轻浮点计算的负荷，CReLU 将卷积层的输出特征图数量减半，并对减半后的特征图进行反相操作后，再与自身进行合并连接（concatenation），如图 5.12 中的虚线框所示。如此即可将网络前期的计算速度提升一倍。接着，CReLU 结构还添加了 Scale 和 Shift 层，确保了反相的特征图谱能被自适应激活。本书在原生 CReLU 基础上设计了 CReLU 特征提取模块，即图 5.12 所示整体。在结构的输入端增加了一个 1×1 的卷积层，实现对输入特征图数量的降维；在输出端同样增加了一个 1×1 的卷积层，在低计算成本的条件下达到对特征输出升维的效果。

需要特别说明的是，本书之所以在 CReLU 模块的输入和输出端均加入 1×1 卷积层，是因为 1×1 的卷积是一个非常优秀的卷积结构，它既可以跨通道进行特征变换、提高网络的表达能力、增加网络的非线性化特性，也可以对输出通道进行升维或降维。

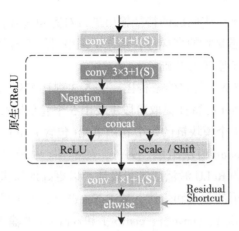

图 5.12　CReLU 特征提取模块网络结构图

2）Inception 特征提取模块

前文对 Inception v3 结构的设计思想进行了深入的探讨和分析。总结来说，Inception 结构通过分支的设计，增加了特征图感受野的多样性，包括 1×1、3×3 和 5×5 多种尺度，在尽可能节省计算成本的前提下增强了网络宽度和深度。本书在原生 Inception 结构的基础上，设计了 Inception 特征提取模块，如图 5.13 所示。其中，5×5 的卷积层被两个 3×3 的卷积层取代，在保证大尺度特征提取的前提下实现了数据的降维。而在模块的输出端，与 ReLU 相似的，增加了一个 1×1 卷积层，实现对特征输出的升维。

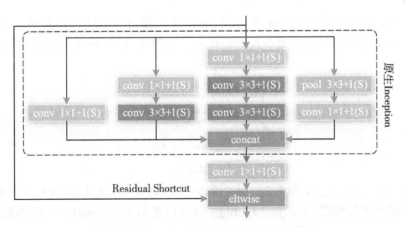

图 5.13　Inception 特征提取模块网络结构图

5.2.2　多尺度特征学习网络

为了增加网络最后一个卷积层感受野的多样性，保证对不同尺度特征（特别是细小、局部特征）的学习和表达能力，本书在设计 MSF-Net 时，从 HyperNet 中得到灵感，在网络的末期，先将若干个中间层的特征输出进行对齐和整合，再进行全连接分类。这一设计大大提升了末端感受野的多样性，强化了网络对局部特征的表达能力，为实现多尺度表面缺陷分类奠定了坚实的基础。

图 5.14 展示了 MSF-Net 的整体架构图，表 5.3 则详细列出了网络的具体参数和指标。由图中可见，MSF-Net 在特征提取阶段主要由 5 个卷积模块链（Convolutional Module Chain）组成。其中，前 2 个模块链的每个卷积单元（包含 conv1_1 层）均为 CReLU 模块，后 3 个模块链则由 Inception 模块组成。另外，MSF-Net 中所有卷积层的输出均搭配了 BN 标准化层、Scale 层和 ReLU 激活层进行设计，以更好地加速收敛。

为了实现多尺度特征的学习和表达，MSF-Net 进行了如下设计：

（1）在卷积模块 conv3_1、conv4_1、conv5_1 和 conv6_1 的输入端，使用了尺寸为 1×1、步长为 2 的卷积核代替池化层进行池化操作，实现特征图谱尺寸的等比例缩小，使得模块链 conv3、conv4、conv5 和 conv6 中的特征图谱分别为输入图像的 1/4、1/8、1/16 和 1/32：

$$
\begin{cases}
\text{Size}_{conv3} = \dfrac{\text{Size}_{input}}{4} \\[2mm]
\text{Size}_{conv4} = \dfrac{\text{Size}_{input}}{8} \\[2mm]
\text{Size}_{conv5} = \dfrac{\text{Size}_{input}}{16} \\[2mm]
\text{Size}_{conv6} = \dfrac{\text{Size}_{input}}{32}
\end{cases}
\tag{5.2}
$$

（2）对卷积模块 conv3_3、conv4_3 和 conv5_4 的输出特征进行降采样，分别使用尺寸为 8×8、4×4 和 2×2 的均值池化层进行池化，使得各自的特征图与 conv6_2 的输出保持一致：

$$
\begin{cases}
f_{c1} = \text{Pool}^{8\times8}_{\text{Avg}}(f_{conv3\_3}) \\[1mm]
f_{c2} = \text{Pool}^{4\times4}_{\text{Avg}}(f_{conv4\_3}) \\[1mm]
f_{c3} = \text{Pool}^{2\times2}_{\text{Avg}}(f_{conv5\_4}) \\[1mm]
f_{c4} = f_{con6\_2}
\end{cases}
\tag{5.3}
$$

其中，f_{conv3_3}，f_{conv4_3}，f_{conv5_4} 和 f_{conv6_2} 分别表示卷积模块 conv3_3、conv4_3、conv5_4 和 conv6_2 的输出特征图谱，f_{c1}，f_{c2}，f_{c3} 和 f_{c4} 则分别表示 concatenation 层的四路输入特征图谱。

（3）将上述四路特征图合并连接，形成最终的输出特征。通过对中间层的特征进行整合：

$$
f_{concat} = \text{concat}(f_{c1}, f_{c2}, f_{c3}, f_{c4})
\tag{5.4}
$$

其中，f_{concat} 表示最后一层输出的特征图谱，使得最后的输出特征包含了尺度丰富的感受野，较好地兼顾了细小的、局部的具象特征和宏观的、全局的抽象特征的表达和学习。

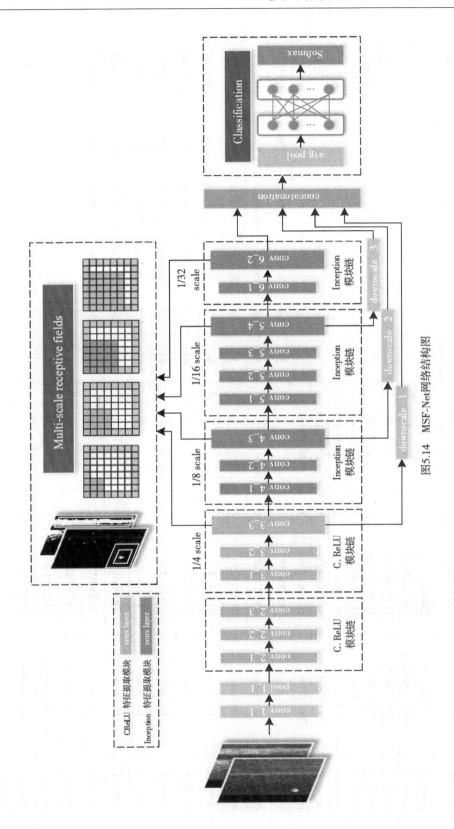

图5.14 MSF-Net网络结构图

表 5.3　MSF-Net 网络主要层次的参数列表

层名称	所属类型	输出维度	卷积深度	CReLU 输出通道数 #1×1–3×3–1×1	Inception 输出通道数					参数量
					pool proj	#1×1	#3×3	#5×5	#1×1 out	
conv1_1	3×3 CReLU	224×224×32	1	NA-16-NA						480
pool1_1	3×3 Max pooling	112×112×32	0							
conv2_1	3×3 CReLU	112×112×64	3	24-24-64						13440
conv2_2	3×3 CReLU	112×112×64	3	24-24-64						13440
conv2_3	3×3 CReLU	112×112×64	3	24-24-64						13440
conv3_1	3×3 CReLU	56×56×128	3	48-48-128						53760
conv3_2	3×3 CReLU	56×56×128	3	48-48-128						53760
conv3_3	3×3 CReLU	56×56×128	3	48-48-128						53760
conv4_1	Inception	28×28×256	4		32	64	96-128	16-32-32	256	322560
conv4_2	Inception	28×28×256	4		32	64	96-128	16-32-32	256	322560
conv4_3	Inception	28×28×256	4		32	64	96-128	16-32-32	256	322560
conv5_1	Inception	14×14×512	4		64	128	128-192	32-96-96	512	1040384
conv5_2	Inception	14×14×512	4		64	128	128-192	32-96-96	512	1040384
conv5_3	Inception	14×14×512	4		64	128	128-192	32-96-96	512	1040384
conv5_4	Inception	14×14×512	4		64	128	128-192	32-96-96	512	1040384
conv6_1	Inception	7×7×1024	4		128	256	160-320	32-128-128	1024	3010560
conv6-2	Inception	7×7×1024	4		128	256	160-320	32-128-128	1024	3010560
concat	Concatenation	7×7×1920	0							
avg pool	7×7 Avg pooling	1×1×1920	0							19200
linear	Inner product	1×1×N_{Class}	1							
合计			47							11371616

另外，值得一提的是，MSF-Net 网络在架构设计上遵循了诸多 CNN 网络设计的经验与准则，包括但不限于：

(1)在网络的初期，尽量避免特征表达瓶颈。即信息流在前向传播过程中应当避免高度压缩的层，特征图谱的宽和高都应该有序地逐渐减少。特别是对于具有细小缺陷特征的表面缺陷数据集，过早地对特征图进行压缩非明智之举。基于此，将卷积层 conv1_1(尺寸为 3×3、步长为 1)和池化层 pool1_1(尺寸为 3×3、步长为 2)进行连接，放缓特征图的收缩速度。

(2)在网络的中后期，应尽量平衡网络的宽度和深度。即随着网络的深入，特征图谱逐渐收缩，每层的特征维度应当逐渐提升。基于此，模块链 conv4、conv5 和 conv6 的模块数量、特征图尺寸以及特征通道数在设计上充分参考了 Inception v1[163]、v3[178] 的网络布局，尽可能提高网络演化的合理性。

(3)使用均值池化代替全连接层，可以大幅减少参数量，节省计算成本。基于此，MSF-Net 在完成最后一层特征提取后使用尺寸为 7×7、步长为 1 的均值池化层代替了全连接层。从表 5.4 可推算出，这一调整为全网络减少了 180635520 个参数。

表 5.4 三个网络的体量指标对比

网络名称	卷积层数	参数量
Inception v3	48	24734048
ResNet-50	50	约 25.5×10^6
MSF-Net	56	11371616

(4)残差链路可以有效加速网络训练、促进模型收敛。基于此，MSF-Net 中几乎每个卷积模块(除了 conv1_1)均使用了残差结构，将模块的输出与自身的输入相加，有效避免了深层网络的梯度消失问题，加快训练速度。

5.2.3 加速网络训练的设计细节

由表 5.4 可见，MSF-Net 共包含 56 层卷积层。作为一个深层网络，除了考虑卷积层设计的合理性，如何提升训练效率同样不可忽视。综合上面的分析，MSF-Net 主要在以下几个方面对训练效率进行优化和提升：

(1)除 conv1_1 以外，所有卷积模块均使用了残差链路，加速模型收敛；

(2)所有卷积层均使用了 BN 层与 Scale 层，提升训练效率；

(3)使用均值池化代替全连接层，有效防止模型过拟合。

5.3　MSF-Net 的高效性和准确性评估

为了充分评估 MSF-Net 网络训练的高效性和分类识别的准确性，本书在公开数据集和自建数据集上均进行了一系列实验。本章实验所使用的硬件和软件平台均和上一章实验保持一致。在本次对比实验中，本书选择了 GoogLeNet 的 Inception v3 版本和 ResNet-50 作为对比网络；数据集则使用了两个具有多尺度特征的表面缺陷数据集进行交叉验证，分别是来自中国科学院自动化公开的磁瓦缺陷数据集[188]和本书自建的滚子表面缺陷数据集[183]。

5.3.1　对比网络介绍

本书选择 Inception v3 和 ResNet-50 作为 MSF-Net 的对比网络，主要基于以下 3 方面考虑：

（1）Inception v3 和 ResNet-50 在网络层数和参数量上，与本书提出的 MSF-Net 同属一个数量级，如表 5.4 所示。这让 3 个网络无论在训练效率还是分类准确率的对比上，都更具公平性，实验结果也更有参考价值。

（2）MSF-Net 不管是在特征提取模块的设计，还是在整体模块数量、网络宽度和深度的设计上，都受到 GoogLeNet 家族（v1 和 v3）的深刻影响。因此，将 MSF-Net 和 Inception v3 同台对比，能更准确地评估网络结构对分类性能的影响。

（3）MSF-Net 除 conv1_1 以外，所有特征提取模块均使用了残差链路的设计。因此，与体量相近的 ResNet-50 进行对比实验同样必不可少。

下面介绍对比网络 Inception v3 和 ResNet-50。

1. Inception v3

2016 年 GoogLeNet 团队在 Inception v1 的基础上提出了新的设计原则和优化策略，并推出了 Inception v3 架构。他们指出，在网络的早期阶段，应尽量避免由卷积核尺寸的过度压缩而引起的典型瓶颈；而高维特征更适合在网络中的局部进行处理。基于上述原则，Inception v3 从以下 3 个方面对 Inception v1 进行了优化与提升：

（1）对大尺寸的卷积层进行解构。例如使用多层感知机来取代一个 5×5 卷积层以及将一个 3×3 卷积层非对称分解为 3×1 和 1×3 两卷积层。这一方面增加了模型的非线性，扩展了特征表达能力；另一方面，这种非对称的卷积结构拆分，可以处理更丰富的空间特征，增加特征多样性。

（2）对 Inception v1 的模块化结构进行了重新设计和优化，特别是在模型的中后段，丰富了特征表达能力，进一步拓展了网络的深度和宽度。Inception v3 中 3 种主要的分支结构如图 5.15 所示，相比网络前半段，增加了 7×1 和 1×7 的卷积核结构。

（3）将步长为 2 的卷积层与池化层并行，进一步压缩模型体量，减少参数量。

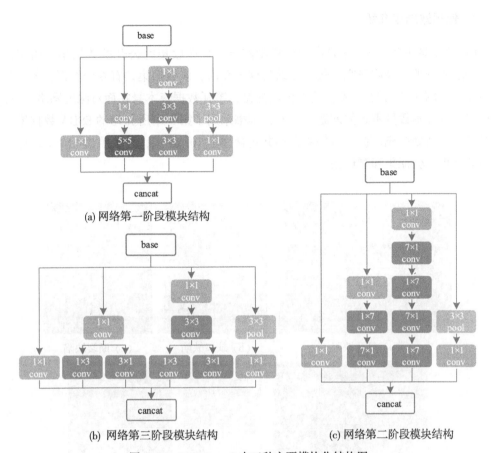

(a) 网络第一阶段模块结构

(b) 网络第三阶段模块结构　　　　　　　　(c) 网络第二阶段模块结构

图 5.15　Inception v3 中三种主要模块化结构图

2. ResNet-50

ResNet-50 与第 3 章介绍的 ResNet-18 有着相似的模块设计，只是单纯地将网络层数下探到一个更深的水平，因此在这里不再对模块结构做介绍。表 5.5 列举了 ResNet-50 中每个卷积阶段所包含的卷积层尺寸、输出特征的相应情况。

表 5.5　　　　　　　　　　　　　　ResNet-50 所含卷积层列表

网络阶段	Conv1	Conv2	Conv3	Conv4	Conv5	Linear
输出尺寸	112×112	56×56	28×28	14×14	7×7	1×1
卷积核数量	$7\times7+2(S)$ 64	$3\times3+2(S)$ pool $\begin{bmatrix} 1\times164 \\ 3\times364 \\ 1\times1256 \end{bmatrix}\times3$	$\begin{bmatrix} 1\times1128 \\ 3\times3128 \\ 1\times1512 \end{bmatrix}\times4$	$\begin{bmatrix} 1\times1256 \\ 3\times3256 \\ 1\times11024 \end{bmatrix}\times6$	$\begin{bmatrix} 1\times1512 \\ 3\times3512 \\ 1\times12048 \end{bmatrix}\times3$	avg pool 1000-d fc

5.3.2　使用数据集介绍

（1）磁瓦数据集[188]。这是由中国科学院自动化所收集并公开的数据集，用于磁瓦表面缺陷的分类与检测研究。包括无缺陷样本在内，该数据集共有 6 个类别，各自代表性的样本图例如图 5.16 所示。需要说明的是，磁瓦数据集本身在面对深度网络训练时，同样存在着样本数量不足的问题。为此，本书采用了第 3 章所介绍的 SSDA 数据增广方法对其进行数据扩充。扩充后的数据集共包含样本 10320 张，并按照 3∶1∶1 的比例划分为训练集、验证集和测试集。

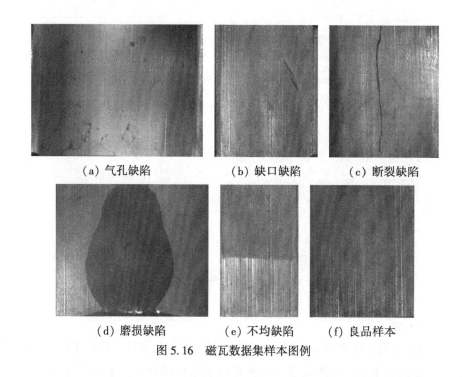

（a）气孔缺陷　　　　（b）缺口缺陷　　　　（c）断裂缺陷

（d）磨损缺陷　　　　（e）不均缺陷　　　　（f）良品样本

图 5.16　磁瓦数据集样本图例

（2）滚子缺陷数据集[183]。该数据集基本情况及分组比例与第 3 章实验保持一致。

5.3.3　网络训练效率评估

图 5.17 展示了不同模型架构使用不同数据集进行训练时，达到收敛所需时间和迭代次数的对比图。由图（a）可见，MSF-Net 在两个数据集的训练表现上，均以最短时间达到收敛。具体来说，MSF-Net 收敛时间相比 ResNet-50 至少提升 25%，相比 Inception v3 也能缩短将近 10%。图（b）则从收敛所需迭代次数的角度验证了 MSF-Net 训练的高效性。通过对网络结构的对比分析，可以得知 MSF-Net 高效的训练表现主要源于以下两方面：

（1）相比于 ResNet-50 和 Inception v3，MSF-Net 减少了超过 54% 的参数量。这一改变，大幅降低了网络学习成本，最直观的体现便是网络达到收敛所需要的迭代次数大幅减少。

（2）相比于 Inception v3，完全使用 Inception 及相关变种结构，MSF-Net 在网络前期使用了 CReLU 特征提取模块。得益于 CReLU 在降低计算成本上的突出表现，单次前向和反向传播的耗时被有效缩短，提升了 MSF-Net 的训练表现。

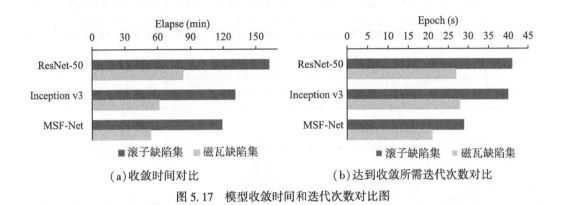

(a) 收敛时间对比　　　　　　　　　　　　(b) 达到收敛所需迭代次数对比

图 5.17　模型收敛时间和迭代次数对比图

5.3.4　多尺度数据集分类表现评估

表 5.6 和图 5.18 分别展示了 ResNet-50、Inception v3 和 MSF-Net 三种模型在滚子表面缺陷数据集的测试集上的分类表现。由表 5.6 可见，三种模型在 CI、CSc、CSt、EFI、EFSc 和 EFSt 缺陷类别上都有着优异的表现，召回率均达到 100%。而在剩下的五种类别中，CQ 和 EFQ 为无缺陷样本类；CC 和 EFC 属于小尺寸缺陷，且样本外观分别与 CQ 和 EFQ 非常接近，对提升正品（无缺陷样本）召回率提出了严峻的挑战；EFSF 则属于大尺寸缺陷，可以说，这一数据集十分适合用于深度网络对多尺度特征学习能力的评估与验证。ResNet-50 和 Inception v3 分别在 EFC 和 EFSF 缺陷类别的召回率上胜出，MSF-Net 则在 CC 缺陷类上占先。并且，MSF-Net 在两项正品的召回率上均有比较出色的表现，这在实际生产中具有重要的应用价值。总体来说，MSF-Net 在滚子缺陷集上的平均召回率为 99.29%，高于 ResNet-50 的 98.44% 和 Inception v3 的 99.06%；同时，MSF-Net 在各类别上召回率的标准差最小，显示出对不同尺度缺陷更均衡的表达和学习能力。

表 5.7 和图 5.19 则展示了 ResNet-50、Inception v3 和 MSF-Net 三种模型在磁瓦缺陷数据集的测试集上的分类表现。由表 5.7 可见，三种模型在断裂缺陷和良品类别上均有较出色的表现。MSF-Net 在气孔和不均缺陷上召回率更高，Inception v3 则在缺口和磨损缺陷类别上更优异。总体来说，MSF-Net 在磁瓦缺陷集各类别的召回率平均值达到 98.93%，高于 ResNet-50 的 98.69% 和 Inception v3 的 98.89%；同时，其召回率标准差也是三者之中的最小值。

综上可见，MSF-Net 在与同一体量水平的 ResNet-50 和 Inception v3 的对比实验中，展示出了良好的训练效率和分类准确率。该结果也验证了 MSF-Net 的双模特征提取器和独特的网络设计，对多尺度缺陷特征有着更均衡、更全面的学习能力。

表 5.6　　　　　　　　三种模型在滚子缺陷集上每类的平均准确率(%)

	CQ	CC	CI	CSc	CSt	EFQ	EFC	EFI	EFSc	EFSt	EFSF	mAP	Std
ResNet-50	93.75	96.25	100.00	100.00	100.00	95.42	**97.71**	100.00	100.00	100.00	98.96	98.44	0.0216
Inception v3	97.50	96.88	100.00	100.00	100.00	97.92	97.29	100.00	100.00	100.00	**99.79**	99.06	0.0126
MSF-Net	**98.13**	**98.75**	**100.00**	**100.00**	**100.00**	**98.33**	97.50	**100.00**	**100.00**	**100.00**	99.58	**99.29**	**0.00898**

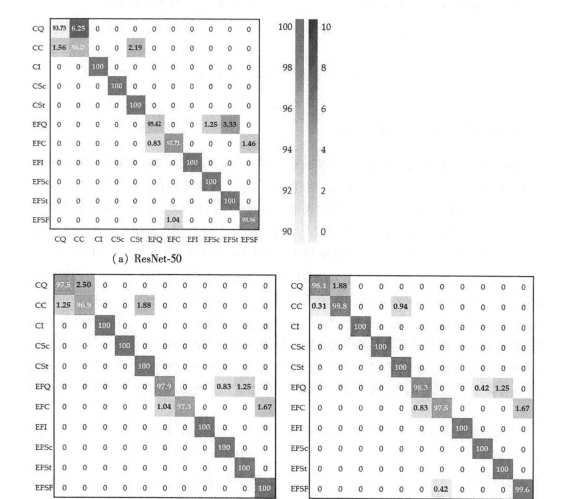

（a）ResNet-50

（b）Inception v3　　　　　　　　　（c）MSF-Net

图 5.18　三种模型在滚子缺陷集上的混淆矩阵热度图(%)

表 5.7 三种模型在磁瓦缺陷集上每类的平均准确率（%）

	气孔	缺口	断裂	磨损	不均	良品	mAP	Std
ResNet-50	98.26	97.67	100.00	98.55	97.67	100.00	98.69	0.00975
Inception v3	97.97	99.13	99.71	99.42	97.09	100.00	98.89	0.0103
MSF-Net	**98.55**	98.26	**100.00**	98.84	**97.97**	**100.00**	**98.93**	**0.00799**

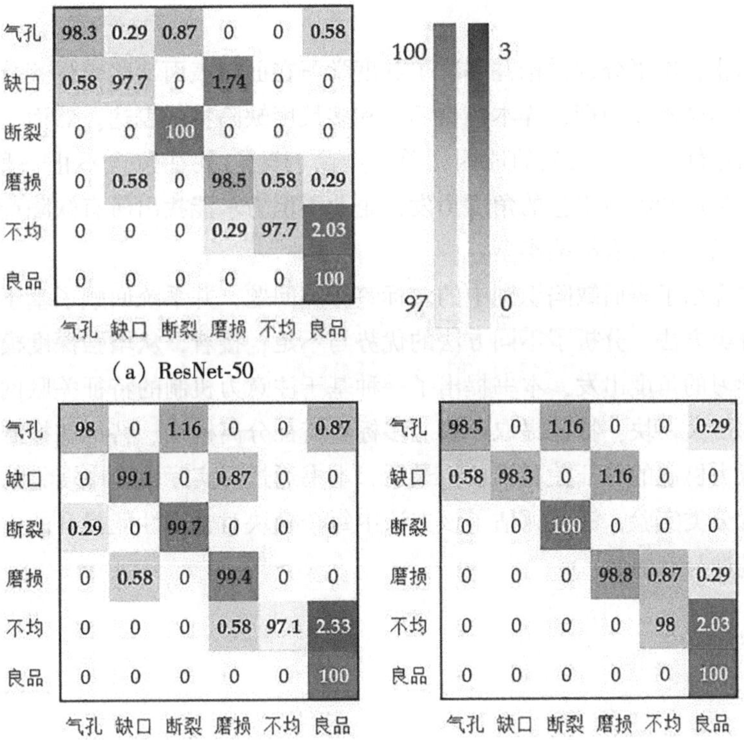

（a）ResNet-50

（b）Inception v3　　（c）MSF-Net

图 5.19　三种模型在磁瓦缺陷集上的混淆矩阵热度图（%）

5.4　本章小结

本章首先从产品表面缺陷的外观尺寸切入，阐述了目前深度学习领域内若干种主流方法对多尺度特征的处理机制，并分析了这些方法存在的问题与不足。然后，重点介绍了本书提出的基于双模特征提取器的多尺度特征学习网络，并详细介绍了其中特征提取器的设计、网络的具体参数和指标，以及为了提升网络训练效率而做的其他设计。最后，通过对公开数据集和自建数据集进行测试，验证了本书方法在面对多尺度特征问题上的先进性和有效性。

第6章 复合表面缺陷与基于注意力机制的特征关联网络

到目前为止，本书分别讨论并解决了深度学习在面向表面缺陷单标签分类问题中的若干痛点，包括样本非均衡、样本总量不足和多尺度缺陷特征表达。然而，在实际生产中，由于自然条件或生产工艺的原因，单个产品(样本)往往包含不止一种缺陷类型。而且，从改进生产和种植工艺的角度出发，企业不但力求能找出所有缺陷产品，更希望识别出每个产品上的所有缺陷类型。

本章首先介绍了表面缺陷识别中的多标签分类问题，并系统回顾了基于深度学习的各种多标签分类方法，分析了不同方法的优势与不足；接着，从增强深度模型对标签之间关联性的学习的角度出发，本书提出了一种基于注意力机制的特征关联网络，并详细阐述了其中的四大模块：特征提取模块、多标签特征分离模块、特征的抑制与激活模块以及基于注意力机制的特征关联模块。最后，本书通过对实际生产中搜集到的多标签缺陷数据集进行分类实验，深入评估了该方法中每个模块对整体性能提升的贡献，验证了该方法的先进性与有效性。

6.1 引言

6.1.1 复合表面缺陷与多标签分类问题

一般来说，在表面缺陷分类问题上，样本和标签都是一一对应的。即一个样本通常只包含一种标签类别的缺陷目标，也就是所谓的单标签分类问题。但是在实际生产中，单个产品或样本上有可能存在超过一种表面缺陷的特征或目标，即所谓的复合缺陷问题。例如在红枣干制品的种植和生产中，由于气候条件或者自身生长等原因，单个红枣往往存在不止一种缺陷特征。如图6.1所示，图(a)的红枣既是脱皮枣也是裂口枣，图(b)的红枣既是黑头枣也是裂口枣，等等。类似的情况也出现在图6.2所示的自建的滚子表面缺陷数据集和图6.3所示的纺织物缺陷数据集[194]上。可见，在真实的生产和制造环境下，产品表面出现复合缺陷的情况并不少见。因此，探索出一种适用于产品表面(外观)复合缺陷的多标签分类方法，有着深远的现实意义和实用价值。

在前文的章节中，本书介绍了以卷积神经网络为主的多种深度学习模型，在面对表面缺陷的单标签分类问题上，有着优异的性能和分类准确性。然而，直接将CNN模型

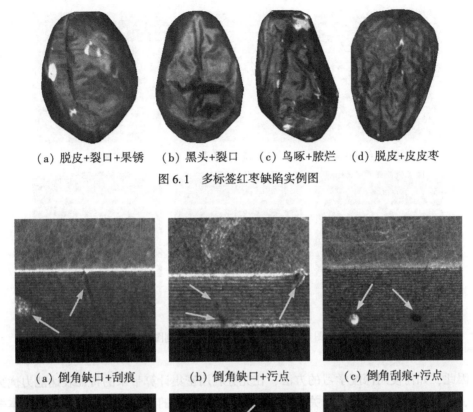

（a）脱皮+裂口+果锈　（b）黑头+裂口　（c）鸟啄+脓烂　（d）脱皮+皮皮枣

图6.1　多标签红枣缺陷实例图

（a）倒角缺口+刮痕　　　（b）倒角缺口+污点　　　（c）倒角刮痕+污点

（d）端面缺口+刮痕　　　（e）端面铣槽+严重断裂　　（f）端面缺口+污点

图6.2　多标签滚子表面缺陷实例图

应用到多标签分类问题上时，效果往往并不理想。造成这一情况主要有两个原因：①在使用 CNN 模型进行特征提取的过程中，每个图像样本通常被视为一个不可分割的实体，即一个实例（Instance）。若单个实例中混合了不同标签对应的视觉特征，原生 CNN 模型并不能很好地对不同特征进行分割和区别对待。（2）不同标签之间的相关性往往被忽视。在同一个样本的不同标签类型的缺陷之间，往往存在着某种关联性或依赖性。例如在红枣的生产中，通过长期的观察，本书发现裂枣缺陷通常会与黑头或脓烂缺陷同时存在，如图6.1（b）所示。而 CNN 模型对不同标签之间的关联性并没有很好的表达机制，缺乏对多标签之间相关性的学习能力。

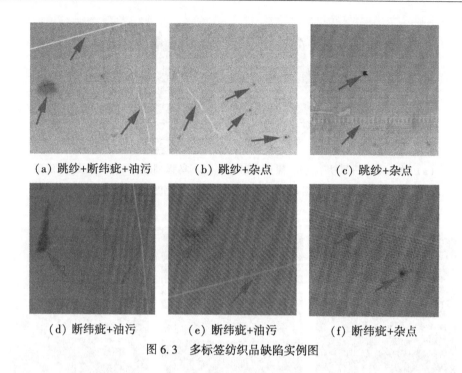

（a）跳纱+断纬疵+油污　　　（b）跳纱+杂点　　　　（c）跳纱+杂点

（d）断纬疵+油污　　　　（e）断纬疵+油污　　　　（f）断纬疵+杂点

图 6.3　多标签纺织品缺陷实例图

因此，如何使用深度学习的方法，在充分利用密集计算带来的特征表达能力优势的同时，增强网络对多标签之间关联性的学习，提高模型的多标签分类能力，即是本书希望解决的问题。

6.1.2　基于深度学习的多标签分类方法回顾

面对深度学习在多标签分类上的一系列问题与难点，近年来，各国的研究人员相继提出了诸多的深度模型与网络架构，在多标签图像上实现了不错的分类效果。这些方法主要有以下几类：

1）基于原生 CNN 的方法

尽管原生 CNN 模型并不适合直接应用到多标签分类问题上，但通过改进损失函数或者优化分类器等方法，依然能获得较好的分类性能。Zhang 等人[195]提出了一种多任务 CNN 模型，将每个标签学习定义为一个二元分类任务，通过改进损失函数将多标签学习转化为多个二分类任务。Liu[196]则在 CNN 基础上提出一种基于深度度量学习的多标签图像分类模型，该模型主要将深度神经网络与判别性度量学习相结合，在学习非线性映射的同时，保留了样本的判别信息，进而实现较好的分类准确性。

更进一步地，Gong 等人[197]提出了基于 WARP 损失函数的卷积神经网络来完成多标签的分类任务，并详细分析了对提升分类精度有直接影响的若干关键要素。该模型通过对预测结果进行排序，取出预测概率最大的 K 个结果（K 一般等于 3）作为预测标签。另外，Wei 等人[198]则提出 HCP 算法，将输入图像分成不同的小块（Patches），然后把每个小块输入到同一个卷积神经网络，最后使用最大池化操作将所有小块的预测结果进行聚合，产生最终的多标签预测结果。可以看出，WARP 和 HCP 算法虽然在多个多标签标准数据集上取得了不错的分类结果，但二者均没有涉及不同标签之间的关联性学习。

2）基于 RNN 的方法

与基于原生 CNN 架构的方法不同，另一些研究人员提出使用循环神经网络（RNN）来学习标签之间的语义联系。传统神经网络的输入输出可以认为都是相对独立的，而 RNN 的每次输出与之前的多次输入是相关联的。这一结构让 RNN 具有记忆能力，能够捕捉长期的依赖信息。

Wang 等人[199]提出了一种 CNN-RNN 模型来实现多标签的图像分类。顾名思义，该方法由两个部分组成：CNN 模块负责图像的特征提取，RNN 模块则负责对图像与标签之间的关系以及不同标签之间的关联进行建模，如图 6.4 所示。CNN-RNN 通过将图像和标签特征映射到同一个低维空间中，实现图像和标签之间以及不同标签之间依赖性的建模。该模型将多标签分类问题转化为标签预测顺序问题，例如标签"天空"和"飞机"，就存在两条预测路径（"天空""飞机"）和（"飞机""天空"）。每条预测路径的概率由 RNN 计算得到。在 CNN-RNN 模型训练时，需要人工设定好标签预测的顺序。

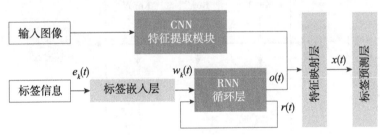

图 6.4　CNN-RNN 模型结构图

其他使用 RNN 来建模标签之间相关性的方法还包括 RLSD[200]（Regional Latent Semantic Dependencies Model）、RMA[201]（Recurrent Memorized-attention Model）和 RARL[202]（Recurrent Attention Reinforcement Learning Model）等。其中，RLSD 和 RMA 比较相似，两者都是利用 CNN 网络提取图像特征，然后使用 RNN 或者 LSTM[203]网络处理特征信息，通过迭代训练的方式学习标签在特征中所在的位置，并加强该位置的特征响应，最后达到使用新提取的特征进行标签预测的效果。而 RARL 则是使用了强化学习的方式来构建标签之间的语义联系。

通过上述分析可知，基于 RNN 的多标签图像分类方法，虽然在识别精度上有了不少的提升，但由于某个图像中包含的标签数量往往并不固定，上述方法并不能准确且完整地预测可能存在的所有标签。另外，基于 RNN 的网络模型通常计算速度较为缓慢，内存需求较高，不利于缺陷分类模型在实际生产中的应用。这限制了以上方法在实际中的推广使用。

3）基于注意力机制的方法

注意力机制（Attention Mechanism，AM）最早在 20 世纪 90 年代发源于图像处理领域。该机制的本质来自人类的视觉注意力机制，即人的视觉在感知东西的时候通常并不是对整个场景由头看到尾的，而是根据需求观察和注意特定的部分。而且当人们发现在一个场景的某个区域或位置经常出现自己想要观察的目标时，会下意识地进行学习，并在将来出现类似场景的时候，将注意力放在该区域上。2014 年，Mnih 等人的工作[204]使得注意力机制开始在深度学习领域获得关注。该论文在 RNN 模型的基础上，使用了注意力机制进行图像分类任务。之后，Bahdanau 等人[205]开始将其应用到自然语言处理领域，实现机器翻译任务中翻译与对齐的同时进行。2017 年 Vaswani 等人[206]大量使用了自我注意（Self-attention）的机制来学习文本特征的表示，该机制开始成为研究的热点，并在各种 NLP 任务上进行探索。目前，注意力机制已经被广泛应用到图像处理领域，包括分类、检测等任务之中，并取得了很好的效果。

如图 6.5 所示，注意力算法在本质上可以被描述为一个查询（Query）到一系列键值对（Key-value）的映射，类似一个寻址的过程：

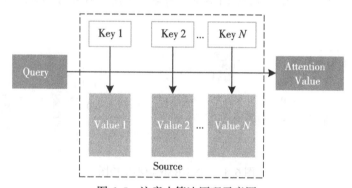

图 6.5　注意力算法原理示意图

$$\text{Attention}(\text{Query}, \text{Source}) = \sum_{i=1} \text{Similarity}(\text{Query}, \text{Key}_i) \cdot \text{Value}_i \quad (6.1)$$

具体而言，计算注意力主要分为以下三步：

（1）计算查询（Query）和每个键（Key）的相似度，得到每个键对应的权重，常用的相似度算法包括点积（Dot production）：

$$\text{Similarity}(\text{Query}, \text{Key}_i) = \text{Query} \cdot \text{Key}_i, \ i \text{ for all} \quad (6.2)$$

余弦（Cosine）相似性：

$$\text{Similarity}(\text{Query}, \text{Key}_i) = \frac{\text{Query} \cdot \text{Key}_i}{\|\text{Query}\| \cdot \|\text{Key}_i\|}, \ i \text{ for all} \quad (6.3)$$

多层感知机（Multi-layer Perceptron，MLP）：

$$\text{Similarity}(\text{Query}, \text{Key}_i) = \text{MLP}(\text{Query}, \text{Key}_i), \ i \text{ for all} \quad (6.4)$$

以及合并拼接等；

(2)使用 Softmax 或其他具有类似特性的函数对所有权重进行归一化:

$$a_i = \text{Softmax}(\text{Sim}_i) = \frac{\exp(\text{Sim}_i)}{\sum_{j=1} \exp(\text{Sim}_i)}, \quad i \text{ for all} \tag{6.5}$$

(3)将权重和相应的键值 Value 进行加权求和得到最后的注意力值:

$$\text{Attention}(\text{Query}, \text{Source}) = \sum_{i=1} a_i \cdot \text{Value}_i \tag{6.6}$$

在众多基于注意力机制的多标签分类方法中,有不少值得关注的工作。Wei 等人[194]提出了一种仿生视觉集成模型 BIVI-ML,用于纺织品缺陷的多标签分类。在 BIVI-ML 中提出并构建了三种仿生视觉机制(视觉增益机制、视觉注意机制和视觉记忆机制),以分别达到增强分辨率和特征区分度、提取纺织品缺陷特征以及学习标签关联性的目的。Yan 等人[207]提出了特征注意网络 FAN 实现多标签分类,其中包含特征精细提取网络和相关性学习网络。FAN 建立了自上而下的特征融合机制,以重新定义对标签更重要的特征,并从特征之间学习标签的依赖性。Hua 等人[208]提出了一种新颖的端到端网络 CA-Conv-BiLSTM 来实现航拍图像的多目标分类,该网络主要包含特征提取模块、标签注意学习模块以及双向 LSTM 网络三个模块。类似的还包括 Guo 等人[209]和 Chen 等人[210]的工作。上述 BIVI-ML 和 CA-Conv-BiLSTM 模型均使用了 LSTM 网络进行标签关联性的学习,网络计算速度比较慢,计算成本较高;而 FAN 网络则主要针对超大型数据库中的小目标和伪标签的识别问题进行设计,并不适合表面缺陷数据集的多标签分类问题。

除了上述三种类型的方法,不少研究人员试图通过提高样本标记的精度和效率,来提升多标签图像的分类性能,包括 Chu 等人[211]、Alfassy 等人[212]和 Durand 等人[213]的工作。综上可见,近些年,基于深度学习的多标签图像分类方法取得了可观的进展,但各自仍然未能完美解决问题。对此,本书将进一步探讨面向表面缺陷多标签分类任务的深度网络搭建。

6.2 基于注意力机制的特征关联网络

根据前面章节的分析,为了更好地解决基于深度学习的表面缺陷多标签分类问题,除了与单标签分类网络一样注重图像特征的提取以外,更重要的是要加强网络本身对不同标签之间关联性的学习。这是因为某些缺陷类型,由于材料特性或者环境原因,往往会成对出现。不难想象的是,要深入学习不同标签之间的联系,网络需要具备以下能力:

(1)可靠的特征提取能力。特征提取是机器视觉中最重要的一环,对深度学习来说也是如此。特别是对于多标签图像而言,单个样本所包含的信息相比单标签样本更丰富。因此,可靠的特征提取网络,能够保证样本图像的有效特征信息被完整提取和学习。

（2）多标签特征的分离能力。在得到一个多标签样本的全部有效特征信息后，需要对特征图谱做标签级（Label-wise）的聚合与分割，以便后续学习不同标签之间的依赖和联系。

（3）标签特征的抑制与激活能力。由于单个样本图像通常并不会包含所有标签类别的缺陷，因此需要对分离出来的标签特征做进一步筛选。即抑制样本中不存在的标签对应的特征图谱，并激活其余存在的标签特征。

（4）对标签特征关联性的学习能力。毫无疑问，这是多标签分类网络中最关键的一步。网络能否全面、准确地学习到不同缺陷特征之间的内在联系，决定了网络对多标签样本的分类性能。

基于上述思考，本书提出了一种基于注意力机制的特征关联网络（Feature-wise Attention-based Relation Network，FAR-Net）。Far-Net 网络共包含特征提取（Feature Extraction，FE）、多标签特征的分离（Label-wise Feature Aggregation，LFA）、标签特征的抑制与激活（Activation and De-activation，ADA）以及多标签特征关联学习（Attention-based Relation Learning，ARL）等四个模块，总体结构如图 6.6 所示，图中对上述四个模块作了清晰的划分与描述。下面对这四个工作模块作进一步的阐述和说明。

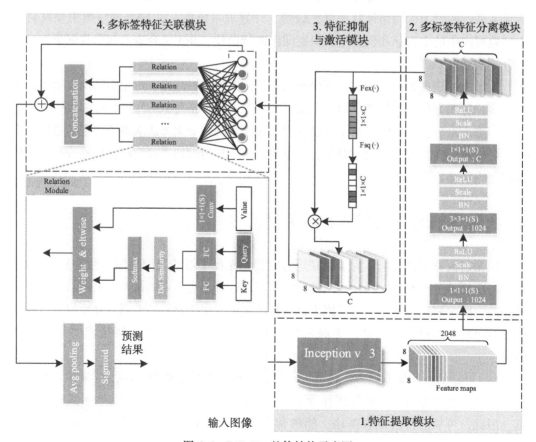

图 6.6　FAR-Net 整体结构示意图

6.2.1 特征提取模块

特征提取网络的选择是 FAR-Net 需要首先考虑的问题，也是后续所有处理的基础。显然，该深度网络需要满足以下条件：

(1)对多标签图像分类任务而言，单个样本所包含的特征信息，相比单标签样本会更加丰富与复杂。因此特征提取网络需要具备更深的卷积层数以及更丰富的特征感受野。

(2)考虑到缺陷分类系统需要在实际生产中进行快速部署和使用，网络需要具备高效的训练和推理(Inference)性能。

综合上面的分析以及前面章节对不同 CNN 架构的探索和评估，本书选择 GoogLeNet 的 Inception v3 版本作为 FAR-Net 的特征提取网络。Inception v3 作为 Google 团队在 Inception v1 基础上提出的优化版本，主要在大尺寸卷积核的分解与降维、Inception 模块的重新设计与优化以及非对称卷积核的使用上具有较强的先进性。前面章节的系列实验也充分证明了其在表面缺陷图像分类上的性能。表 6.1 详细列出了 Inception v3 的卷积层参数和各层的输出尺寸情况。

表6.1   **Inception v3 各个卷积层参数及特征图尺寸列表**

网络阶段	Conv1	Conv2_x	Conv3_x	
特征尺寸	149×149×32	147×147×64	71×71×192	
卷积核 数量	3×3, 32	3×3, 32 3×3, 64	1×1, 80 3×3, 192	
网络阶段	Conv4_x	Conv5_x	Conv6_x	Linear
特征尺寸	35×35×288	17×17×768	8×8×2048	1×1
卷积核 数量	$\begin{bmatrix} 1\times1208 \\ 3\times3192 \\ 5\times564 \end{bmatrix}\times1$ $\begin{bmatrix} 1\times1240 \\ 3\times3192 \\ 5\times564 \end{bmatrix}\times2$	$\begin{bmatrix} 1\times1640 \\ 1\times7448 \\ 7\times1448 \end{bmatrix}\times1$ $\begin{bmatrix} 1\times1704 \\ 1\times7512 \\ 7\times1512 \end{bmatrix}\times2$ $\begin{bmatrix} 1\times1768 \\ 1\times7576 \\ 7\times1576 \end{bmatrix}\times1$	$\begin{bmatrix} 1\times11344 \\ 1\times3768 \\ 3\times1768 \\ 3\times3384 \end{bmatrix}\times2$	Avg pool C-d FC Sigmoid

设 H 表示输入的缺陷样本，$y = [y^1, y^2, \cdots, y^C]^{\mathrm{T}}$ 表示该样本对应的真实标签，采用 One-hot 形式表示：其中的 y^l 是一个二进制指标，$y^l = 1$ 表示样本中存在 l 标签；相反，$y^l = 0$ 表示样本中不存在 l 标签，C 表示数据集的标签数目，则 Inception v3 的特征提取方

式可表示为：

$$X = f_{\text{Incep}}(H,\ \theta_{\text{Incep}}),\ X \in R^{8 \times 8 \times 2048} \tag{6.7}$$

其中，X 表示的是特征提取网络的输出特征图谱。

6.2.2　多标签特征分离模块

通常来说，输入样本在经过 CNN 进行特征提取后，特征图谱的形式可如图 6.7(a) 所示，即特征图不同维度之间相同区域的特征信息，与输入样本相应位置的目标是对应的，不同维度关注的是目标的不同层次特征。然而，在多标签图像的情况下，某个维度的特征图往往包含了不止一种缺陷目标的特征信息，直接从特征图某一维度提取标签之间的语义关系并不现实。

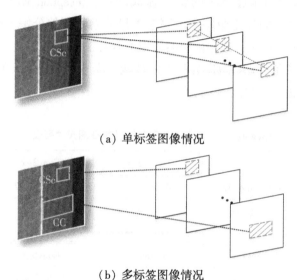

(a) 单标签图像情况

(b) 多标签图像情况

图 6.7　输入图像的缺陷目标与特征图谱的对应关系

鉴于此，为了更好地捕获和提取目标缺陷之间的内在联系，本书尝试训练模型使其去关注图像中能代表缺陷信息的特征区域，将不同标签的特征信息按特征图谱的维度进行分离，如图 6.7(b) 所示，使每个特征图分别表示一个缺陷类别的特征信息。更明确地，本书试图将特征图的通道和数据集中的标签相对应，即不同通道的特征图代表不同的标签目标。这样，可以方便后续的网络进一步学习标签之间的语义联系。

多标签特征分离模块的结构如图 6.8 所示。将 Inception v3 提取到的特征图 $X \in R^{8 \times 8 \times 2048}$ 作为多标签特征分离模块的输入，第一步利用卷积层 f_{seg} 去学习标签和通道的转换和对应关系：

$$Z = f_{\text{seg}}(X,\ \theta_{\text{seg}}),\ Z \in R^{8 \times 8 \times C} \tag{6.8}$$

其中，f_{seg} 由三层卷积层实现，卷积核尺寸和输出通道数分别是 1×1×1024，3×3×1024 和 1×1×C，C 是标签数量。每个卷积核的输出都会与 BN 层、Scale 层和 ReLU 激活层相

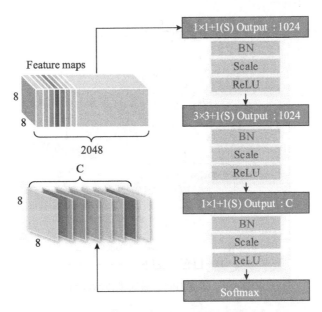

图 6.8　多标签特征分离模块结构图

连。经过三层卷积后，输出的特征图为 $Z \in R^{8 \times 8 \times C}$。这时，由于通道数与标签数量相同，因此在某种程度上可以认为特征图谱中的每一个维度，分别表征某一个标签的特征信息。另外，在具体实现上，本书对 Z 的每个通道使用 Softmax 函数进行归一化操作，得到分离特征图 A：

$$a_{i,j}^l = \frac{\exp(z_{i,j}^l)}{\sum_{i,j} \exp(z_{i,j}^l)}, \quad i,j \text{ for all}, \quad A \in R^{8 \times 8 \times C}, \quad l = 1, 2, \cdots, C \quad (6.9)$$

其中，$z_{i,j}^l (l = 1, 2, \cdots, C)$ 表示分离模块 f_{seg} 学习到的第 l 通道特征中位于坐标 (i, j) 处的响应值，$a_{i,j}^l$ 表示经过归一化操作后，第 l 通道特征位于坐标 (i, j) 处的响应值。

　　然而，一般来说，给定一张样本图像通常不会包含数据集中所有标签类别的缺陷。因此，在利用分离模块学习到的特征响应中，对输入图像中不存在的标签类别，其对应的特征图通常是无用的，可称之为负响应；与之对应的，图像中存在的标签类别所对应的特征则称为正响应。不难想象，负响应会影响后续语义关联性学习的准确性，需要抑制；正响应则需要进一步激活。因此，本书将采用特征抑制与激活模块去消除特征 $A \in R^{8 \times 8 \times C}$ 中的负响应特征。

6.2.3　特征抑制与激活模块

　　多标签特征分离模块可以得到每个标签类别对应的特征图响应 A，A 中的每一个通道对应于 C 个标签中的一个类别。为了消除输入图像中不存在缺陷类别的响应，本书从 Hu 等人[214]的工作中得到启发，采用"压缩-刺激"（Squeeze and Excitation，SE）机制实现对不同特征图的抑制和激活，如图 6.9 所示。

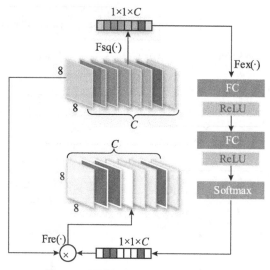

图 6.9　特征抑制与激活模块结构图

通常认为，卷积层得到的特征图谱，每个通道的重要性是存在差异的。而 SE 机制能够以监督学习的方式，获取到这些特征对于当前任务的重要性差异，并通过在特征图维度上以加权的方式，抑制冗余特征和提升有价值的特征。SE 模型主要分为 Squeeze、Excitation 和 Reweight 三个步骤。Squeeze 旨在对特征图谱使用全局平均池化的方式对其进行压缩，将每个二维特征图 a^l 转换为一个实数 Z_l，Z_l 在某种程度上具有全局的感受野：

$$z_l = F_{sq}(a^l) = \frac{1}{8 \times 8} \sum_{i=1}^{8} \sum_{j=1}^{8} a^l(i, j), \ z_l \in R^{1 \times 1}, \ l = 1, 2, \cdots, C \qquad (6.10)$$

Excitation 则是为了显式地建模特征通道间的相关性，考虑到通道之间往往存在比较复杂的依赖关系，Excitation 操作采用两层 C 维的全连接层和一个激活层的方式实现。若参数 W 表示每个特征通道的生成权重，W_1 和 W_2 分别表示第一层和第二层全连接层的可学习参数：

$$s = F_{ex}(z, W) = \sigma(g(z, W)) = \sigma(W_2 \sigma(W_1 z)), \ s \in R^{1 \times 1 \times C} \qquad (6.11)$$

Reweight 则是将 Excitation 的输出权重通过乘法逐通道加权到之前的特征 A 上，得到 $\widetilde{A} = [\widetilde{a_1}, \widetilde{a_2}, \cdots, \widetilde{a_C}]$，$\widetilde{A} \in R^{8 \times 8 \times C}$，其中：

$$\widetilde{a_l} = F_{re}(a^l, s_l) = a^l \cdot s_l, \ l = 1, 2, \cdots, C \qquad (6.12)$$

可见，在分离得到的特征图后面接上 SE 模块，可以通过训练使之抑制负响应的特征并提升正响应的特征。消除负响应后，特征图当前激活的通道和存在的标签特征相对应，此时标签之间的关联性直接表现为通道之间的关联性，这为后续学习标签之间的内在联系提供了可能。

6.2.4 多标签特征关联学习模块

本书提出多标签特征关联学习机制的背景是，大部分的分类和检测算法是将图像中的目标当作独立个体去识别，没有利用各目标之间可能存在的依赖性和内在联系。在某些情况下，目标之间的语义联系对于分类和检测任务可能有着不可忽视的作用。例如，对于红枣缺陷而言，由于果品的结构原因，裂枣往往和黑头或者脓烂成对出现；而鸟啄造成的脱皮则相对独立，既有可能单独出现，也有可能与其他任何一种缺陷同时出现。可见，如果能够学习到不同缺陷目标之间的依赖关系，模型的分类和识别性能会有很大提升。

本书受到 Vaswani 等人[206]和 Hu 等人[215]工作的启发，通过建立多标签特征关联学习模块，采用注意力算法，让模型充分学习不同标签特征之间的语义联系，即关联特征；与之对应的，则是分离模块和抑制激活模块输出的与各标签对应的独立特征。通过关联特征与独立特征的融合，提升网络对多标签缺陷图像的分类效果。

多标签特征关联学习模块的结构如图 6.10 所示，其中，左半部分展示了模块的主要算法流程。模块输入为前期分离模块和抑制激活模块输出的各标签的独立特征 $\{f_A^l\}$，$l = 1, 2, \cdots, C$；然后构建 C 个 Relation 子模块，计算出每个标签与其余标签之间的关联特征 $\{f_R^l\}$，$l = 1, 2, \cdots, C$；最后，将独立特征与关联特征进行融合相加，得到最终用于分类的融合特征：

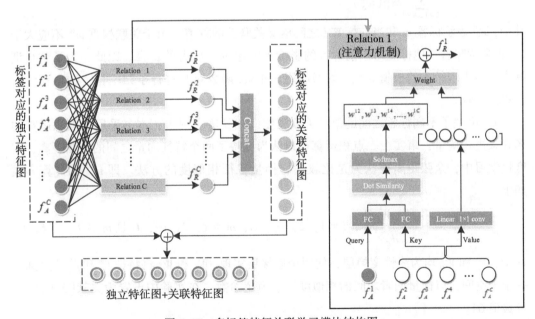

图 6.10 多标签特征关联学习模块结构图

$$\{f_M^l\} = \{f_A^l\} + \{f_R^l\}, \quad l = 1, 2, \cdots, C \tag{6.13}$$

图 6.10 中的右半部分则展示了 Relation 子模块的算法过程。直观上来说，为了衡

量某个标签特征与其他标签特征之间的关联程度，通常可以采用加权的形式，来决定其他标签对于当前标签的关联性。而这与注意力的算法机制不谋而合。换言之，使用权值的大小来表征不同标签之间语义联系的强弱性：当关联性较强时，分配一个相对较大的权值；相反，则分配一个相对较小的权值。此过程可以用如下公式表达：

$$f_R^l = \sum_{m=1, \ m \neq l}^{C} w^{ml} \cdot (W_V \cdot f_A^m), \ l = 1, \ 2, \ \cdots, \ C \tag{6.14}$$

其中，f_R^l 作为标签的关联特征，是由除该标签以外的其余 $C-1$ 个标签的独立特征 $\{f_A^m\}$，$m = 1, \ 2, \ \cdots, \ C$ 且 $m \neq l$，经过 W_V 线性变换后，赋予关联权重 w^{ml} 并进行叠加所得。W_V 是可学习的线性变换参数，在具体操作中采用 $C-1$ 个 1×1 的卷积核分别作用于 $\{f_A^m\}$，$m = 1, \ 2, \ \cdots, \ C$ 且 $m \neq l$。关联权重 w^{ml} 表示标签 m 对于当前标签 l 的影响程度，如果两者之间关联度较大，则 w^{ml} 较大；反之则较小。

对于目标检测任务而言，不同目标之间的关联性主要体现在两个方面：一是位置关联性，位置靠近的目标之间往往有更深的内在联系；二是语义关联性，相关联的目标在抽象语义上必然有一定的联系[216]。本书专注于表面缺陷的分类研究，对缺陷的位置信息并不敏感，且位置标注需要大量人力成本，并不适合在实际生产的快速迭代中使用。因而，此处 w^{ml} 仅由缺陷目标之间的语义关联性决定，w^{ml} 的计算可用以下公式进行：

$$w^{ml} = \frac{\exp(w_S^{ml})}{\sum_{k=1, \ k \neq l}^{C} \exp(w_S^{kl})}, \ l = 1, \ 2, \ \cdots, \ C, \ m = 1, \ 2, \ \cdots, \ C \ 且 \ m \neq l \tag{6.15}$$

其中，w_S^{ml} 表示标签 m 和当前标签 l 之间语义关联性的权值。由于关联权重 w^{ml} 不应大于 1，否则意味着其他标签对当前标签的影响程度超过了后者的自身。因此，为了防止训练中可能出现较大的权值 w^{ml}，本书使用 Softmax 函数对其进行了归一化，这也和注意力算法一致。

w_S^{ml} 反映了不同标签之间的语义关联程度，在具体实现中，本书采用了点积运算的形式来进行衡量，事实上，点积运算可以认为反映了两个特征向量之间的余弦距离，在度量学习中，余弦距离被认为是比较适合衡量特征相似度的方法。即 w_S^{ml} 的计算方式如下：

$$w_S^{ml} = \frac{W_K f_A^m \cdot W_Q f_A^l}{\sqrt{d_K}}, \ l = 1, \ 2, \ \cdots, \ C, \ m = 1, \ 2, \ \cdots, \ C \ 且 \ m \neq l \tag{6.16}$$

其中，W_K 和 W_Q 均为线性变换层，使用全连接层实现。W_K 和 W_Q 将特征 f_A^m 和 f_A^l 映射到同一个子空间，以衡量两者之间的相似度。d_K 为超参数，在实验中设置为文献[206]中的经典值 64。

综上，经过多标签关联模块后，得到各标签的融合特征 $\{f_M^l\} \in R^{8 \times 8 \times C}$，$l = 1, \ 2, \ \cdots, \ C$。之后，如图 6.6 所示，将 $\{f_M^l\}$ 与一个 8×8 的均值池化层相连，再经过 Sigmoid 函数激活，即可得到最终的分类结果。

6.3 FAR-Net 性能评估与模块分析

6.3.1 模型训练方法

实验平台的性能指标和参数如表 6.2 所示。FAR-Net 的实现和训练使用 Caffe 平台的 Python 接口实现。在数据集的预处理阶段，根据 FAR-Net 中特征提取模块 Inception v3 模型的输入标准，将图像大小调整为 299×299。然后使用第 3 章提出的 SSDA 数据增广方法对数据集进行扩充。网络训练的超参数配置如表 6.3 所示。

表 6.2	实验平台参数列表
CPU：	Intel E3-1230 V2 * 2 (3.30 GHz)
内存：	16 GB DDR3
GPU：	NVIDIATesla K20
操作系统：	Ubuntu 16.04 LTS
编程环境：	Visual Studio Code with Python 2.7

表 6.3	网络训练超参数设置
动量：	0.9
权重衰减：	0.0005
初始学习速率：	0.001
学习速率下降模型：	指数下降
批处理大小：	16

FAR-Net 整个模型的训练分为四个阶段：

(1) 训练特征提取模块(即 Inception v3 模型)的网络参数。初始参数是由 ImageNet 数据集预训练所得。

(2) 锁定特征提取模块的参数，加入并训练多标签特征分离模块、特征抑制与激活模块。

(3) 锁定前三个模块的参数，加入并训练多标签关联模块。

(4) 使用多标签数据集微调整个模型的参数。

另外，在网络模型的训练过程中，使用交叉熵损失函数(Cross Entropy)：

$$L_{\text{loss}}(y, \hat{y}) = \sum_{l=1}^{c} y_l \log \sigma(\hat{y}_l) + (1 - y_l) \log(1 - \sigma(\hat{y}_l)) \tag{6.17}$$

其中，y 和 $\hat{y}$ 分别表示输入样本的真实标签值和预测标签值。上述各个阶段的训练基线如图 6.11 所示。实验证明，逐模块的训练策略能够有效地加速和保证整个模型的收敛进程。

6.3.2 多标签缺陷数据集

在多标签图像分类领域，用于衡量模型性能的标准数据集主要包括 Pascal VOC 2007、Microsoft COCO 和 MirFlickr25k 等集。而在本书专注的多标签缺陷分类的细分领域中，目前仍然缺乏公开的、标准的数据集(文献[194][217]并未公开其论文数据集)。因此，为了更全面地衡量 FAR-Net 的分类性能，本书分别建立了多标签红枣缺陷数据集和多标签滚子缺陷数据集，分别代表了农业和工业产品的多标签缺陷特性。

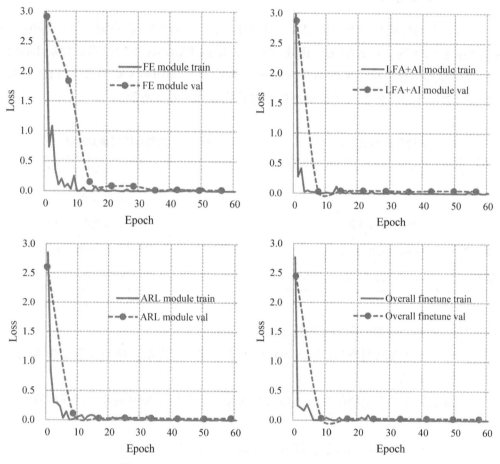

图 6.11　FAR-Net 四个训练阶段的损失函数变化图

1)多标签红枣缺陷数据集

本次实验采用的多标签红枣缺陷数据集，共包含 8 个标签类别，分别是：良品、果锈、黑头、脓烂、裂口、黄皮、脱皮和鸟啄。该多标签数据集中，多标签样本(包含 2 种以上缺陷)的数量占总样本数的 65.8%。其中，单标签样本 660 张，双标签样本 1200 张，三标签样本 70 张，合计样本数 1930 张，如表 6.4 所示。数据集按照 3∶1∶1 的比例被划分成训练集、验证集和测试集，用于模型的训练和测试。各类型样本的分布情况与现实基本一致，确保了数据集的现实意义与参考价值，如图 6.12 所示。样本示例见图 6.13。

表 6.4 多标签红枣缺陷集样本分布情况

样本类别	数量	样本类别	数量	样本类别	数量
良品	100	果锈 + 脱皮	200	果锈 + 脱皮 + 黑头	20
果锈	80	果锈 + 裂口	200	果锈 + 脱皮 + 裂口	20
黑头	80	黑头 + 脱皮	200	黑头 + 裂口 + 脱皮	15
脓烂	80	黑头 + 裂口	200	鸟啄 + 脓烂 + 裂口	15
裂口	80	鸟啄 + 脱皮	200		
黄皮	80	黄皮 + 脱皮	200		
脱皮	80				
鸟啄	80			合计样本	1930

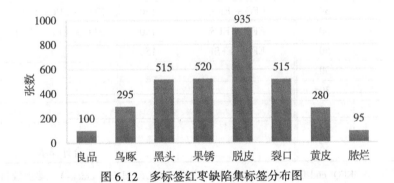

图 6.12 多标签红枣缺陷集标签分布图

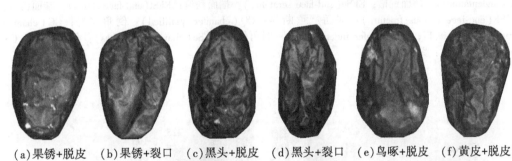

(a)果锈+脱皮 (b)果锈+裂口 (c)黑头+脱皮 (d)黑头+裂口 (e)鸟啄+脱皮 (f)黄皮+脱皮

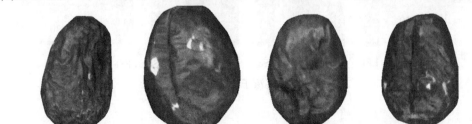

(g)果锈+脱皮+黑头 (h)果锈+脱皮+裂口 (i)黑头+裂口+脱皮 (j)鸟啄+脓烂+裂口

图 6.13 多标签红枣缺陷集样本示例

2)多标签滚子缺陷数据集

本次实验采用的多标签滚子缺陷数据集,共包含 11 个标签类别,分别是:CQ、CC、CI、CSc、CSt、EFQ、EFC、EFI、EFSc、EFSt、EFSF。其中,多标签样本(包含两种以上缺陷)的数量占总样本数的 70.5%,单标签样本 370 张,双标签样本 810 张,三标签样本 75 张,合集样本数 1255 张,如表 6.5 所示。数据集按照 3∶1∶1 的比例被划分成训练集、验证集和测试集。各类型样本分布情况见图 6.14。

表 6.5　　　　　　　　　　　多标签滚子缺陷集样本分布情况

样本类别	数量	样本类别	数量	样本类别	数量
CQ ＊	50	CC + CSc	120	CC + CSc + CSt	15
CC	30	CC + CSt	120	EFC + EFSc + EFSt	15
CI	30	CSc + CSt	120	EFSF + EFSc + EFSt	15
CSc	30	EFC + EFSc	150	EFC + EFI + EFSc	15
CSt	30	EFC + EFSt	150	EFC + EFI + EFSt	15
EFQ	50	EFI + EFSF	150		
EFC	30				
EFI	30				
EFSc	30				
EFSt	30				
EFSF	30			合计样本	1255

　＊类别说明——EFQ(end-face qualified):端面完好;EFC(end-face cracks):端面缺口;EFI(end-face indentations):端面铣槽;EFSc(end-face scratches):端面刮痕;EFSt(end-face stains):端面污点;EFSF(end-face serious fracture):端面严重断裂;CQ(chamfer qualified):倒角完好;CC(chamfer cracks):倒角缺口;CI(chamfer indentations):倒角铣槽;CSc(chamfer scratches):倒角刮痕;CSt(chamfer stains):倒角污点。

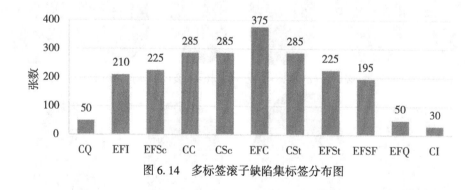

图 6.14　多标签滚子缺陷集标签分布图

6.3.3　FAR-Net 性能评估

由前面章节的回顾可知,目前,基于深度学习的多标签分类方法主要包括基于原生 CNN 和基于 RNN 两大类。而基于 RNN(包括 LSTM)的分类模型往往计算效率较低,对内存需求量较大，并不适合在实际生产中快速部署使用。因此，本书实验采用了 CNN 中的经典网络作为 FAR-Net 性能评估的对比模型，包括 AlexNet、VGG-16 以及 FAR-Net 本身特征提取模块所使用到的 Inception v3。其中，Inception v3 可以看作从 FAR-Net 中去掉多标签特征关联学习机制的模型，因此，二者的对比能清楚地反映关联机制对标签之间语义联系的学习能力。

为了更直观地揭示模型对多标签样本的区分度，本书创新性地使用标签预测置信度网格图来展现样本的预测分布情况，如图 6.15 和图 6.16 所示。单个图像样本在经过最后一层 Sigmoid 激活层后的预测结果可以表示为：

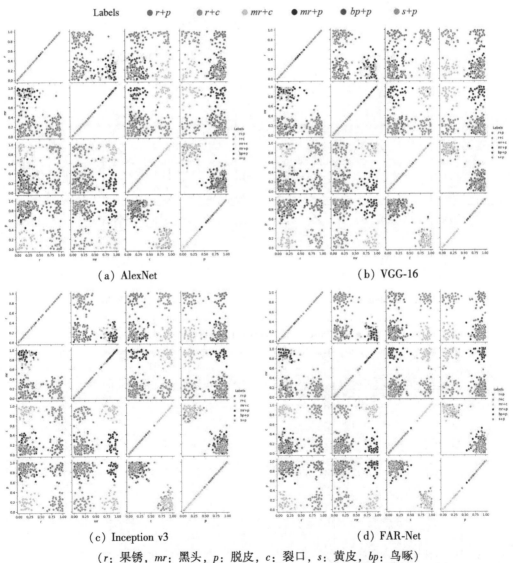

(a) AlexNet　　　　　　　　　　(b) VGG-16

(c) Inception v3　　　　　　　　(d) FAR-Net

(r：果锈，mr：黑头，p：脱皮，c：裂口，s：黄皮，bp：鸟啄)

图 6.15　四种模型在多标签红枣缺陷集上的预测置信度网格图

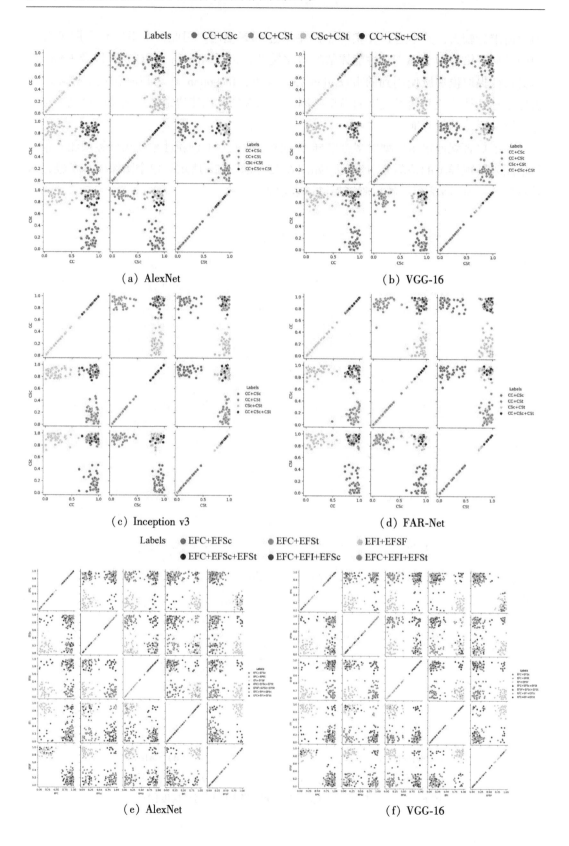

（a）AlexNet　　　　　　　　　　　　　（b）VGG-16

（c）Inception v3　　　　　　　　　　　　（d）FAR-Net

（e）AlexNet　　　　　　　　　　　　　（f）VGG-16

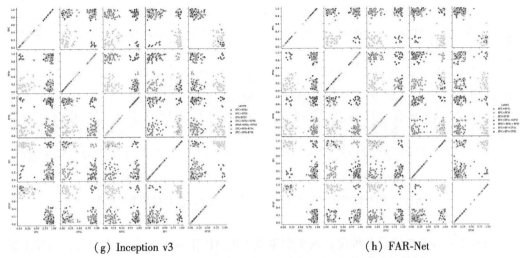

（g）Inception v3   （h）FAR-Net

图 6.16   四种模型在多标签滚子缺陷集上的预测置信度网格图

$$\hat{y}_P = [\hat{y}_P^1, \ \hat{y}_P^2, \ \cdots, \ \hat{y}_P^C], \ \hat{y}_P^l \in [0, 1], \ l = 1, 2, \cdots, C \qquad (6.18)$$

其中 $\hat{y}_P^l$ 表示各个标签的预测置信度。则所有样本的预测结果可以表示为：

$$\hat{Y}_P = [\hat{y}_{P1}, \ \hat{y}_{P2}, \ \cdots, \ \hat{y}_{PN}]^T \qquad (6.19)$$

其中，N 表示样本总数量。$\hat{Y}_P$ 中每个标签的预测置信度均被映射到网格图中的一行和一列，以揭示标签之间的关联性和预测情况。

一般来说，对于一个理想分类器，样本中存在的标签和不存在的标签的预测置信度会有明显的差异。因此，从图 6.15 和图 6.16 中不难看出，无论是多标签红枣缺陷集还是多标签滚子缺陷集，FAR-Net 的预测置信度均有着更高的区分度，这也展示了 FAR-Net 在多标签样本上更好的分类性能。

接着，为了进一步评估模型的多标签分类性能，本书采用了一系列量化指标[218] 进行对比，包括召回率、精确率、平均准确率（Average Precision，AP）、平均准确率均值（mean of AP，mAP）、micro-F1 和 macro-F1 等。其中，四种模型在两个数据集上的召回率和精确率分别如图 6.17 和图 6.18 所示。

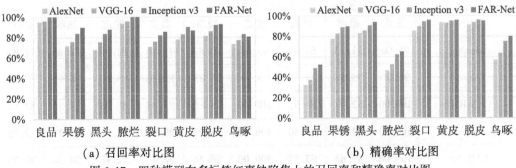

（a）召回率对比图   （b）精确率对比图

图 6.17   四种模型在多标签红枣缺陷集上的召回率和精确率对比图

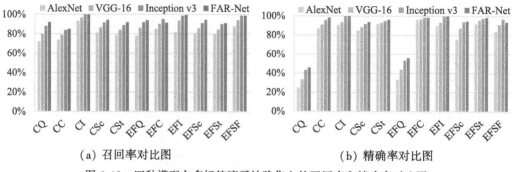

（a）召回率对比图　　　　　　　　　　　　（b）精确率对比图

图 6.18　四种模型在多标签滚子缺陷集上的召回率和精确率对比图

表 6.6 和表 6.7 则是各模型在两个数据集上的 AP 和 mAP 指标。在此处的对比实验中，本书在上述对照方法的基础上，增加了 CNN-RNN 这一在多标签图像分类中最经典也是最常用的模型。从表 6.6 中可以看到，FAR-Net 在红枣集内总共 8 类标签中的 6 类有着较高的分类准确率，且准确率均值最高，达到 90.28%，高于 Inception v3 的 89.25%、CNN-RNN 的 87.18%、VGG-16 的 82.99% 和 AlexNet 的 78.87%。其中，四种模型对良品和脓烂这两个标签的分类准确率都相对较高。这是因为，尽管两者是数据集中出现频率较低的标签，但其极少与其他标签共同出现，因此这些样本可以看作单标签图像的分类，故而准确率较高。相对地，脱皮经常与其他若干种缺陷共同出现，分类难度较大，但其作为数据集中出现频率最高的标签（占总样本数的 48.4%），给予模型学习的机会也相对更多，因此分类准确率也比较高。

而在 FAR-Net 与 Inception v3 的对比中能看到，果锈、黑头和裂口三种缺陷，作为经常与脱皮结伴出现的标签，FAR-Net 通过特征关联机制的学习和训练，分类准确率相较 Inception v3 分别提高了 5.77%、4.07% 和 3.50%，均有显著提升。这表明，本书方法可以更好地学习标签之间的依赖关系，并以此提升多标签的分类效果。

表 6.6　　　　　　　　**四种模型在多标签红枣缺陷集上的平均准确率(%)**

	良品	果锈	黑头	脓烂	裂口	黄皮	脱皮	鸟啄	mAP
AlexNet	95.00	71.73	67.57	93.68	70.87	77.86	81.39	72.88	78.87
VGG-16	96.00	75.58	75.34	95.79	75.73	82.86	85.67	76.95	82.99
CNN-RNN	**100.00**	82.47	81.95	**100.00**	78.86	87.35	88.08	78.74	87.18
Inception v3	**100.00**	83.85	83.50	**100.00**	81.94	**90.00**	91.98	**82.71**	89.25
FAR-Net	**100.00**	**89.62**	**87.57**	**100.00**	**85.44**	86.43	**92.83**	80.34	**90.28**

6.3 FAR-Net 性能评估与模块分析

表 6.7　　　　　　　　　　四种模型在多标签滚子缺陷集上的平均准确率(%)

	CQ	CC	CI	CSc	CSt	EFQ	EFC	EFI	EFSc	EFSt	EFSF	mAP
AlexNet	72.00	73.68	93.33	81.05	78.60	78.00	84.80	81.43	80.89	80.00	88.21	81.09
VGG-16	80.00	78.95	96.67	86.67	84.21	86.00	90.13	93.81	85.78	84.44	94.36	87.37
CNN-RNN	86.05	82.67	**100.00**	89.37	88.02	91.60	90.35	98.28	90.84	87.06	98.20	91.13
Inception v3	88.00	83.86	**100.00**	91.58	89.12	92.00	**95.20**	98.57	91.11	90.22	**98.97**	92.60
FAR-Net	**92.00**	**84.91**	100.00	**94.39**	**91.93**	**94.00**	91.47	**99.52**	**94.62**	**91.11**	**98.97**	**93.90**

　　表 6.7 则展示在滚子集内总共 11 类标签中，FAR-Net 模型在其中的 10 类上取得了较高的分类准确率，且准确率均值最高，达到 93.90%，高于 Inception v3 的 92.60%、CNN-RNN 的 91.13%、VGG-16 的 87.37% 和 AlexNet 的 81.09%。其中，CSc 和 CSt 是"CX"大类中依赖程度较高的两个标签，FAR-Net 通过特征关联机制的学习，使得二者的分类准确率相较 Inception v3 均提高了 2.81%；类似地，EFSc 和 EFSt 作为"EFX"大类中依赖性较高的两个标签，FAR-Net 的分类准确率分别比 Inception v3 提高了 3.51% 和 0.89%，优化效果明显。

　　另外，表 6.8 列出了不同模型的 micro-F1 和 macro-F1 评分。可以看出，FAR-Net 在可接受的测试用时下取得了令人满意的分类效果。

表 6.8　　　　　　　　　　四种模型在多标签缺陷集上的其他指标对比

	红枣缺陷集		滚子缺陷集		测试用时（s）
	micro-F1	macro-F1	micro-F1	macro-F1	
AlexNet	74.64%	71.50%	79.09%	77.07%	0.67
VGG-16	78.67%	76.21%	84.86%	83.34%	0.81
CNN-RNN	83.04%	81.61%	89.06%	87.21%	0.93
Inception v3	85.13%	83.55%	90.14%	88.98%	**0.55**
FAR-Net（without ARL）	85.35%	84.01%	90.44%	89.25%	0.61
FAR-Net	**86.77%**	**85.42%**	**91.23%**	**90.09%**	0.88

　　综上可见，在与原生 CNN 方法的比较中，使用 FAR-Net 进行多标签表面缺陷的分类，准确率有着明显的提升和改善。而与相似卷积层数和参数量的 Inception v3 的对比中，FAR-Net 凭借对标签之间关联性的学习，对依赖程度较高的标签类别实现了更好的区分和识别。

6.3.4　模块讨论与分析

为了进一步探讨 FAR-Net 中不同模块的工作情况，分析各模块对最终分类准确率提升的贡献，验证本书方法的合理性和有效性，本书针对上述两个数据集进行了各模块的对比实验，结果如表 6.9 所示。可以看出：

表 6.9　　　　　　　　　　特征分离模块和特征关联模块对分类效果的影响

模型	多标签红枣缺陷集	多标签滚子缺陷集
FAR-Net（withoutLFA，ADA and ARL module）	89.25%	92.60%
FAR-Net（withoutARL module）	89.40%	92.74%
FAR-Net	**90.28%**	**93.90%**

（1）移除多标签特征分离模块、特征抑制与激活模块以及特征关联模块后，FAR-Net 完全等同于 Inception v3。此时，mAP 指标在两个数据集上分别为 89.25% 和 92.60%。

（2）在此基础上，加入多标签特征分离模块，将特征图谱与标签建立对应关系，并通过抑制与激活模块消除负响应，得到各标签的独立特征，以此为分类依据，得到 mAP 分别为 89.40% 和 92.74%，只比 Inception v3 提升了 0.15% 和 0.14%。这表明，仅仅进行标签特征分离，整体的分类效果提升不大。这是因为此处得到的只是标签的独立特征，模型并未学习到标签之间的语义关联性。

（3）进一步加入特征关联模块后，两个数据集的 mAP 均获得显著提升，为 90.28% 和 93.90%，相较第（2）步提高了 0.88% 和 1.16%。可见，特征关联模块能够有效学习标签之间的内在联系，并以此提升模型的多标签分类性能。

综上，本书以 CNN 模型为基础，通过搭建多标签特征分离模块、特征抑制与激活模块以及多标签特征关联学习模块，增强了网络模型对标签之间关联性的学习和表达，有效提升了模型对多标签缺陷数据集的分类准确率。

6.4　本章小结

本章首先介绍了表面缺陷识别中的多标签分类问题，并系统回顾了基于深度学习的各种多标签分类方法，分析了各个方法的优势与不足；接着，从发展深度模型对标签之间关联性的学习的角度出发，本书提出了一种基于注意力机制的特征关联网络，并详细阐述了其中的四大模块：特征提取模块、多标签特征分离模块、特征的抑制与激活模块以及基于注意力机制的特征关联模块。最后，本书使用多标签红枣缺陷集和多标签滚子缺陷集进行分类实验。实验结果表明 FAR-Net 在多标签缺陷分类上具有明显的先进性和有效性；另外，本书还对 FAR-Net 中每个模块的性能进行了分析和探讨，论证了特征关联模块能有效增强模型对标签之间语义联系的学习和表达，进而提升模型的多标签分类能力。

第7章 总结与展望

7.1 总结

工农业产品的表面(外观)缺陷分类和检测是企业生产、包装中的重要环节，高效准确、智能化和一体化的识别方法是智能制造的核心要求。本书以产品表面缺陷为研究对象，使用基于深度学习的方法为主要研究手段，围绕表面缺陷分类任务中存在的问题，从样本处理、特征提取到分类模型，对全链路应用开展研究。在缺陷样本的增强方面，提出了基于样本分布统计的少数类加权过采样方法和半监督式数据增广方法，分别用于解决数据集类间不平衡和样本量不足的问题；在缺陷特征的提取方面，提出了多尺度特征学习网络，用于解决表面缺陷的多尺度特征问题；在缺陷分类模型的构建方面，提出了基于注意力机制的特征关联网络，用于多标签样本的分类问题。

具体而言，本书的主要研究内容和创新点总结如下：

(1)针对表面缺陷数据集类间样本不均衡的问题，改进了一种基于样本分布统计的少数类加权过采样算法，实现数据集内各标签类别的样本平衡。

深度学习作为一种数据驱动的方法，无论是特征学习还是训练优化，都需要海量数据作为支撑，才能提取到更具鲁棒性的特征和获得更稳定、准确的分类器性能。然而，产品表面缺陷往往具有明显的稀疏性，即缺陷在实际生产中发生的概率通常非常低，使得缺陷样本数量严重不足；同时，造成不同缺陷的工艺或环境原因也不尽相同，导致各类缺陷出现的概率也参差不齐。这两点使得正品样本与缺陷样本之间以及各类缺陷样本之间都存在数量不平衡的问题。鉴于此，本书提出了基于样本分布统计的加权过采样算法(SWMO)。该算法首先在缺陷数据集中确定有效样本集，消除噪声样本对合成新样本可能造成的干扰；然后，结合有效样本数、样本密度以及多数类样本的情况，通过算法确定各个少数类的样本分布情况，并由此计算出每个少数类样本需要过采样的样本数量；最后，通过随机选择辅助样本的方式合成所需数量的新样本。通过UCI 和 PlantVillage 标准数据集的实验证明，相比 SMOTE、ADASYN 等经典算法，使用SWMO 算法进行少数类过采样后的数据集，在同一分类器上分类召回率和几何平均值都要更高，具有更好的分类性能，这显示了该方法的有效性和鲁棒性。

(2)针对深度模型对大量训练数据的需求和表面缺陷数据集样本量不足之间的矛

盾，本书提出了联合半监督式数据增广方法和迁移学习的小样本缺陷分类算法。

在深度学习的分类任务中，训练数据量的丰富与否直接决定了特征学习的完备性和分类器的准确性。尽管 SWMO 算法解决了缺陷数据集的类间不平衡问题，但在大多数情况下，样本总量的绝对值仍然不足以应对深度模型对训练数据的需求。特别是对于大规模的卷积神经网络而言，庞大的参数量和更具深度和宽度的卷积层，都需要海量数据作为训练支撑。鉴于这一问题，本书提出了基于半监督式数据增广方法和迁移学习的卷积神经网络算法(SDD-CNN)。一方面，SSDA 方法通过预训练一个粗分类器的方式，定位原始样本中的缺陷目标，并以此为基础进行随机裁剪和数据增强，在增广的同时兼顾了缺陷目标的形态和位置特征，保持了样本原有的标签属性，为深度网络的训练提供了优质的数据支持。另一方面，迁移学习解决了大体量模型和少量训练样本之间的矛盾，通过共享网络结构、特征和参数的方式，将从大规模数据集中学习到的隐藏信息用于表面缺陷的分类和识别中。对公开和自建缺陷数据集的实验表明，无论使用何种架构，SDD-CNN 在几乎所有类别缺陷的分类准确率上都高于原生 CNN，有力证明了 SSDA 方法的普适性和有效性。

(3)针对表面缺陷的多尺度特征问题，提出了基于双模特征提取器的多尺度特征学习网络。

在实际生产中，产品表面缺陷的难识别性往往是因为其大小不等、位置不定、形状不一等因素。其中，针对不同尺寸缺陷的识别和检测问题一直是研究的重点。对于同一种产品而言，由于自然或者工艺等原因，不同缺陷类型之间的外形尺寸可能存在较大差别，而一般基于深度学习的分类或检测网络往往只包含若干个特定尺度的感受野，不能兼顾所有尺度的缺陷特征表达。鉴于此，本书提出了基于双模特征提取器的多尺度特征学习网络(MSF-Net)。首先，本书使用了两种不同的模块化结构搭建特征提取网络：在网络前期，为了减少参数量和计算量，以 CReLU 单元为原型设计特征提取模块；在中后期，为了增加特征感受野的多样性，以 Inception v3 为原型进行搭建。然后，在进入全连接层和分类器之前，将若干个具有不同尺度感受野的中间层模块特征图谱组合，有效增加了最后一层特征图谱感受野的丰富性。最后，通过使用残差链路和 BN 层以及均值池化代替全连接层等措施，提升了网络的训练效率。实验证明，MSF-Net 在公开和自建的多尺度缺陷数据集上，相比同一规模量级的 Inception v3 和 ResNet-50，分类准确率均有明显提升，且对不同尺度的缺陷识别能力更加均衡。

(4)针对表面缺陷的多标签分类问题，提出了基于注意力机制的特征关联网络。

在实际生产中，由于自然条件或生产工艺的原因，单个产品(样本)往往包含不止一种缺陷类型。从改进生产或种植工艺的角度出发，企业不但力求能找出所有缺陷产品，而且希望识别出每个产品上的所有缺陷类型。不同类别缺陷可能来自相同或相关联的原因，往往同时出现。原生 CNN 模型对同一个实例中的不同特征往往并不能很好地分割对待，缺乏对标签之间关联性的学习。鉴于此，本书提出了基于注意力机制的特征关联网络(FAR-Net)。该网络总共由四个不同的模块组成：特征提取模块负责提取样本中各层次的抽象特征；多标签特征分离模块负责将抽象特征与标签特征进行对应，得到各标签的独立特征；特征抑制与激活模块负责消除独立特征中的负响应，并提升正响应；多标签特征关联学习模块则负责对标签之间的语义关联和内在联系进行学习。实验证明，FAR-Net 在两个自建的多标签缺陷数据集上，相比经典的原生 CNN 模型，分类准确率均有明显提升；进一步的模块隐藏实验也证明了这一点，特征关联学习对提升标签之间关联性的学习以及分类准确率均有显著效果。

7.2　未来研究展望

在未来的研究工作中，计划将研究重点放在以下几个方面：

(1)半监督或无监督学习的研究。在实际生产中，由于产品线的扩张或产品的更新换代，企业需要对表面缺陷检测系统进行快速的更新和迭代。而目前基于深度学习的分类方法中，样本的标注、数据集的构建都需要耗费大量的人力和时间。如何充分利用现有模型的推理能力以及企业专家对产品的先验知识，简化人工标注的步骤和工作量，实现表面缺陷分类的半监督甚至无监督学习，显然是非常值得深入探讨的一个问题。

(2)优化网络的运行效率，提高现场的识别速度。在实际的表面缺陷分类中，企业往往不只对分类准确率有着明确要求，对单次分类所用时间同样有严格的要求。毕竟对于企业而言生产效率意味着一切。如何优化当前模型的计算效率，在分类性能和检测用时之间找到更好的平衡点，是今后思考的方向。

(3)更多缺陷数据集上的通用性。诚然，本书对文中所提出的一系列深度学习网络均进行了较为全面的对比实验，包括使用公开的和自建的缺陷数据集。但在各行各业中，需要进行表面(外观、包装)缺陷检测的产品类别数以亿万计，不断测试和验证本书方法在各项产品和缺陷集上的性能和表现也是一项长期工作。

参 考 文 献

[1]周济. 智能制造——"中国制造 2025"的主攻方向[J]. 中国机械工程, 2015, 26 (17): 2273-2284.

[2]李清, 唐骞璘, 陈耀棠, 等. 智能制造体系架构、参考模型与标准化框架研究[J]. 计算机集成制造系统, 2018, 24(3): 539-549.

[3]方毅芳, 宋彦彦, 杜孟新. 智能制造领域中智能产品的基本特征[J]. 科技导报, 2018, 36(6): 90-96.

[4]王耀南, 陈铁健, 贺振东, 等. 智能制造装备视觉检测控制方法综述[J]. 控制理论与应用, 2015, 32(3): 273-286.

[5]彭向前. 产品表面缺陷在线检测方法研究及系统实现[D]. 武汉: 华中科技大学, 2008.

[6]Chin R T. Automated visual inspection: 1981 to 1987[J]. Computer Vision, Graphics, and Image Processing, 1988, 41(3): 346-381.

[7]姚明海, 李洁, 王宪保. 基于 RPCA 的太阳能电池片表面缺陷检测[J]. 计算机学报, 2013, 36(9): 1943-1952.

[8]Tsai D M, Wu S C, Li W C. Defect detection of solar cells in electroluminescence images using fourier image reconstruction[J]. Solar Energy Materials and Solar Cesll, 2012, 99: 250-262.

[9]Tsai D M, Hsieh C Y. Automated surface inspection for directional textures[J]. Image and Vision Computing, 1999, 18(1): 49-62.

[10]王昑. 多晶硅表面缺陷识别及软件检测系统设计与开发[D]. 上海: 上海交通大学, 2014.

[11]Li W C, Tsai D M. Wavelet-based defect detection in solar wafer images with inhomogeneous texture[J]. Pattern Recognition, 2012, 45(2): 742-756.

[12]邓红红. 锂电池表面缺陷检测研究[D]. 哈尔滨: 哈尔滨工业大学, 2018.

[13]Jeong Y S, Kim S J, Jeong M K. Automatic identification of defect patterns in semiconductor wafer maps using spatial correlogram and dynamic time warping[J]. IEEE Transactions on Semiconductor Manufacturing, 2008, 21(4): 625-637.

[14]Li W C, Tsai D M, Defect inspection in low-contrast LCD images using hough transform-

based nonstationary line detection［J］. IEEE Transactions on Industrial Informatics, 2011, 7(1): 136-147.

［15］Zhou W J, Fei M R, Zhou H Y, et al. A sparse representation based fast detection method for surface defect detection of bottle caps［J］. Neurocomputing, 2014, 123: 406-414.

［16］高绍嵩, 范洪达, 魏宇, 等. 基于机器视觉的玻璃瓶检测系统［J］. 海军航空工程学院学报, 2006, 21(2): 285-288.

［17］孙涛. 基于图像匹配的 PET 饮料瓶封装缺陷检测研究［D］. 广州: 广东工业大学, 2008.

［18］Shen Y H, Mo R, Wei L, et al. Bottle cap scratches detection with computer vision techniques［C］// International Conference on Natural Computation. 2013: 1314-1318.

［19］Yazdchi M, Yazdi M, Mahyari A G. Steel surface defect detection using texture segmentation based on multifractal dimension［C］// International Conference on Digital Image Processing. 2009: 346-350.

［20］Soukup D, Huber-Mörk R. Convolutional neural networks for steel surface defect detection from photometric stereo images［C］// International Symposium on Visual Computing. 2014: 668-677.

［21］Nand G K, Noopur, Neogi N. Defect detection of steel surface using entropy segmentation［C］// Annual IEEE India Conference. IEEE, 2014.

［22］Senthikumar M, Palanisamy V, Jaya J. Metal surface defect detection using iterative thresholding technique［C］// International Conference on Current Trends in Engineering & Technology. IEEE, 2014: 561-564.

［23］Yun J P, Choi S H, Kim J W, et al. Automatic detection of cracks in raw steel block using Gabor filter optimized by univariate dynamic encoding algorithm for searches (uDEAS)［J］. Ndt & E International, 2009, 42(5): 389-397.

［24］Chen J W, Liu Z G, Wang H R, et al. Automatic defect detection of fasteners on the catenary support device using deep convolutional neural network［J］. IEEE Transactions on Instrumentation and Measurement, 2018, 67(2): 257-269.

［25］Ke X U, Lei W, Wang J. Surface defect recognition of hot-rolled steel plates based on tetrolet transform［J］. Journal of Mechanical Engineering, 2016, 52(4): 13-19.

［26］Cohen F S, Fan Z, Attali S. Automated inspection of textile fabrics using textural models ［J］. IEEE Transactions on Pattern Analysis and Machine Intelligence, 1991, 13(8): 803-808.

［27］Chan C H, Pang G K H. Fabric defect detection by Fourier analysis ［J］. IEEE

Transactions on Industry Applications, 2000, 36(5): 1267-1276.

[28]Kumar A. Computer-vision-based fabric defect detection: a survey[J]. IEEE Transactions on Industrial Electronics, 2008, 55(1): 348-363.

[29]Mak K L, Peng P. An automated inspection system for textile fabrics based on Gabor filters[J]. Robotics and Computer Integrated Manufacturing, 2008, 24(3): 359-369.

[30]Mak K L, Peng P, Yiu K F C. Fabric defect detection using morphological filters[J]. Image and Vision Computing, 2009, 27(10): 1585-1592.

[31]Wen Z, Cao J, Liu X, et al. Fabric defects detection using adaptive wavelets[J]. International Journal of Clothing Science and Technology, 2014, 26(3): 202-211.

[32]Qu T, Zou L, Zhang Q L, et al. Defect detection on the fabric with complex texture via dualscale over-complete dictionary[J]. Journal of the Textile Institute Proceedings and Abstracts, 2016, 107(6): 743-756.

[33]Jia L, Chen C, Liang J Z, et al. Fabric defect inspection based on lattice segmentation and Gabor filtering[J]. Neurocomputing, 2017, 238: 84-102.

[34]Tong L, Wong W K, Kwong C K. Fabric defect detection for apparel industry: a nonlocal sparse representation approach[J]. IEEE Access, 2017, 5: 5947-5964.

[35]Yapi D, Mohand S A, Allili D, et al. Automatic fabric defect detection using learning-based local textural distributions in the contourlet domain[J]. IEEE Transactions on Automation Science & Engineering, 2017, 15(3): 1024-1026.

[36]Zhang H N, Zhao J, Li R Z, et al. Fabric defect detection based on wavelet transform and kmeans[C]// IEEE International Conference on Electrical Computer Engineering and Electronics. 2015: 649-653.

[37]Mei S, Wang Y D, Wen G J. Automatic fabric defect detection with a multi-scale convolutional denoising autoencoder network model[J]. Sensors, 2018, 18(4): 1064-1074.

[38]Zhang Y, Zhang J. A fuzzy neural network approach for quantitative evaluation of mura in TFTLCD[C]// IEEE International Conference on Neural Networks & Brain. 2005: 424-427.

[39]Fang L T, Chen H C, Yin I C, et al. Automatic mura detection system for liquid crystal display panels[C]// International Conference on Machine Vision Applications in Industrial Inspection XIV. 2006: 143-152.

[40]Tsai D M, Lai S C. Defect detection in periodically patterned surfaces using independent component analysis[J]. Pattern Recognition, 2008, 41(9): 2812-2832.

[41]Kang S B, Lee J H, Song K Y, et al. Automatic defect classification of TFT-LCD

panels using machine learning［C］// IEEE International Symposium on Industrial Electronics. 2009：2175-2177.

［42］Liu Y H, Lin S H, Hsueh Y L, et al. Automatic target defect identification for TFT-LCD array process inspection using kernel FCM-based fuzzy SVDD ensemble［J］. Expert Systems with Applications, 2009, 36(2)：1978-1998.

［43］Fan S K, Chuang Y C. Automatic detection of mura defect in TFT-LCD based on regression diagnostics［J］. Pattern Recognition Letters, 2010, 31(15)：2397-2404.

［44］Chinh N, Yong J P, Jeehyun J, et al. A new algorithm on the automatic TFT-LCD mura defects inspection based on an effective background reconstruction［J］. Journal of the Society for Information Display, 2018, 25(12)：737-752.

［45］Lee K M, Jang M S, Par P G. A new defect inspection method for TFT-LCD panel using pattern comparison［J］. Transactions of the Korean Institute of Electrical Engineers, 2008, 57(2)：307-313.

［46］Jian C X, Gao J, Ao Y H. Automatic surface defect detection for mobile phone screen glass based on machine vision［J］. Applied Soft Computing Journal, 2017, 52：348-358.

［47］Gao R X, Ren X D, Wu X, et al. Research on mobile phone screen defect detection system based on image processing［J］. Measurement & Control Technology, 2017, 36(4)：26-30.

［48］Lei J, Gao X, Feng Z L, et al. Scale insensitive and focus driven mobile screen defect detection in industry［J］. Neurocomputing, 2018, 294：72-81.

［49］Newman T S, Jain A K. A survey of automated visual inspection［J］. Computer Vision and Image Understanding, 1995, 61(2)：231-262.

［50］Xie X H. A review of recent advances in surface defect detection using texture analysis techniques［J］. Electronic Letters on Computer Vision and Image Analysis, 2008, 7(3)：1-22.

［51］Ngan H Y T, Pang G K H, Yung N H C. Automated fabric defect detection-a review［J］. Image & Vision Computing, 2011, 29(7)：442-458.

［52］罗菁, 董婷婷, 宋丹, 等. 表面缺陷检测综述［J］. 计算机科学与探索, 2014, 8(9)：1041-1048.

［53］汤勃, 孔建益, 伍世虔. 机器视觉表面缺陷检测综述［J］. 中国图象图形学报, 2017, 22(12)：1640-1663.

［54］BS EN ISO8785-1999 Geometrical Product Specification (GPS)-Surface imperfections-terms, definitions and parameters［S］. 2006.

［55］刘泽，王嵬，王平．钢轨表面缺陷检测机器视觉系统的设计［J］．电子测量与仪器学报，2010，24(11)：1012-1017.

［56］刘日仙．基于深度学习的表面缺陷检测方法研究［D］．杭州：浙江工业大学，2019.

［57］Schmidhuber, Jürgen. Deep learning in neural networks：An overview［J］. Neural Networks, 2015, 61：85-117.

［58］Kusiak A. Smart manufacturing must embrace big data［J］. Nature, 2017, 544(7648)：23-25.

［59］Wang J, Ma Y, Zhang L, et al. Deep learning for smart manufacturing：Methods and applications［J］. Journal of Manufacturing Systems, 2018, 48：144-156.

［60］Weimer D, Scholz-Reiter B, Shpitalni M. Design of deep convolutional neural network architectures for automated feature extraction in industrial inspection［J］. Cirp Annals Manufacturing Technology, 2016, 65(1)：417-420.

［61］Ren R, Hung T, Tan K C. A Generic Deep-Learning-Based Approach for Automated Surface Inspection［J］. IEEE Transactions on Cybernetics, 2017, 99：1-12.

［62］Masci J, Meier U, Ciresan D, et al. Steel defect classification with Max-Pooling Convolutional Neural Networks［C］// International Joint Conference on Neural Networks. IEEE, 2012.

［63］Park J K, Kwon B K, Park J H, et al. Machine Learning-Based Imaging System for Surface Defect Inspection ［J］. International Journal of Precision Engineering & Manufacturing Green Technology, 2016, 3(3)：303-310.

［64］Janssens O, Slavkovikj V, Vervisch B, et al. Convolutional Neural Network Based Fault Detection for Rotating Machinery［J］. Journal of Sound & Vibration, 2016, 377：331-345.

［65］Lu C, Wang Z, Zhou B. Intelligent fault diagnosis of rolling bearing using hierarchical convolutional network based health state classification ［J］. Advanced Engineering Informatics, 2017, 32：139-151.

［66］Guo X, Chen L, Shen C. Hierarchical adaptive deep convolution neural network and its application to bearing fault diagnosis［J］. Measurement, 2016, 93：490-502.

［67］David V, Ferrada Andrés, Droguett Enrique López, et al. Deep Learning Enabled Fault Diagnosis Using Time-Frequency Image Analysis of Rolling Element Bearings［J］. Shock & Vibration, 2017, 2017：1-17.

［68］Chen Z Q, Li C, Sanchez R V. Gearbox Fault Identification and Classification with Convolutional Neural Networks［J］. Shock & vibration, 2015, 2015(PT. 5)：1-10.

［69］Wang P, Ananya, Yan R, et al. Virtualization and deep recognition for system fault classification[J]. Journal of Manufacturing Systems, 2017, 44(2): 310-316.

[70] Dong H, Yang L, Li H. Small fault diagnosis of front-end speed controlled wind generator based on deep learning[J]. Wseas Transactions on Circuits and Systems, 2016, 15: 64-72.

[71] Wang J, Zhuang J, Duan L, et al. A multi-scale convolution neural network for featureless fault diagnosis[C]// International Symposium on Flexible Automation. IEEE, 2016.

[72] Tamilselvan P, Wang P. Failure diagnosis using deep belief learning based health state classification[J]. Reliability Engineering & System Safety, 2013, 115: 124-135.

[73] Yu H, Khan F, Garaniya V. Nonlinear Gaussian Belief Network based fault diagnosis for industrial processes[J]. Journal of Process Control, 2015, 35: 178-200.

[74] Tran V T, Althobiani F, Ball A. An approach to fault diagnosis of reciprocating compressor valves using Teager-Kaiser energy operator and deep belief networks[J]. Expert Systems with Application, 2014, 41(9): 4113-4122.

[75] Shao H, Hongkai, et al. Rolling bearing fault diagnosis using an optimization deep belief network[J]. Measurement Science & Technology, 2015, 26(11): 1-17.

[76] Meng Gan, Cong Wang, Chang'an Zhu. Construction of hierarchical diagnosis network based on deep learning and its application in the fault pattern recognition of rolling element bearings[J]. Mechanical systems and signal processing, 2016, 72-73(2): 92-104.

[77] Yin J, Zhao W. Fault diagnosis network design for vehicle on-board equipments of highspeed railway: A deep learning approach[J]. Engineering Applications of Artificial Intelligence, 2016, 56(11): 250-259.

[78] Xie J, Yang Y, Wang H, et al. Fault Diagnosis in High-speed Train Running Gears with improved Deep Belief Networks[J]. Journal of Computational Information Systems, 2015, 11(24): 7723-7730.

[79] Li C, Sanchez R V, Zurita G, et al. Gearbox fault diagnosis based on deep random forest fusion of acoustic and vibratory signals[J]. Mechanical systems and signal processing, 2016, 76-77(8): 283-293.

[80] Jia F, Lei Y, Lin J, et al. Deep neural networks: a promising tool for fault characteristic mining and intelligent diagnosis of rotating machinery with massive data[J]. Mechanical Systems and Signal Processing, 2016, 72-73: 303-315.

[81] Guo J, Xie X, Bie R, et al. Structural health monitoring by using a sparse coding-based deep learning algorithm with wireless sensor networks[J]. Personal & Ubiquitous

Computing, 2014, 18(8): 1977-1987.

[82]Lu C, Wang Z Y, Qin W L, et al. Fault diagnosis of rotary machinery components using a stacked denoising autoencoder-based health state identification [J]. Signal Processing, 2016, 130: 377-388.

[83]Shao H, Jiang H, Wang F, et al. An enhancement deep feature fusion method for rotating machinery fault diagnosis[J]. Knowledge Based Systems, 2017, 119: 200-220.

[84]Sun W, Shao S, Zhao R, et al. A sparse auto-encoder-based deep neural network approach for induction motor faults classification [J]. Measurement, 2016, 89: 171-178.

[85]Yang Z, Wang X, Zhong J. Representational learning for fault diagnosis of wind turbine equipment: a multi-layered extreme learning machines approach[J]. Energies, 2016, 9 (379): 1-17.

[86]Wang L, Zhao X, Pei J, et al. Transformer fault diagnosis using continuous sparse autoencoder[J]. Springer Plus, 2016, 5(448): 1-13.

[87]Lei Y, Jia F, Lin J, et al. An intelligent fault diagnosis method using unsupervised feature learning towards mechanical big data [J]. IEEE Transactions on Industrial Electronics, 2016, 63(5): 3137-3147.

[88]Li C, Sanchez RV, Zutita G, et al. Multimodel deep support vector classification with homologous features and its application to gearbox fault diagnosis[J]. Neurocomputing, 2015, 168: 119-27.

[89]Xiaojie G, Changqing S, Liang C. Deep Fault Recognizer: An Integrated Model to Denoise and Extract Features for Fault Diagnosis in Rotating Machinery [J]. Applied Sciences, 2017, 7(41): 1-17.

[90]Chen Z, Deng S, Chen X, et al. Deep neural network-based rolling bearing fault diagnosis[J]. Microelectronics Reliability, 2017, 75: 327-333.

[91]Sladojevic S, Arsenovic M, Anderla A, et al. Deep neural networks based recognition of plant diseases by leaf image classification [J]. Computational Intelligence and Neuroscience, 2016, 2016: 1-11.

[92]Mohanty S P, Hughes D P, Salathé M. Using deep learning for image-based plant disease detection[J]. Frontiers in Plant Science, 2016, 7: 1419.

[93]Amara J, Bouaziz B, Algergawy A. A deep learning-based approach for banana leaf diseases classification[J]. Datenbanksysteme Für Business, Technologie und Web (BTW 2017)-Workshopband, 2017: 79-88.

[94]Reyes A K, Caicedo J C, Camargo J E. Fine-tuning Deep Convolutional Networks for

Plant Recognition[J]. CLEF (Working Notes), 2015, 1391: 467-475.

[95] Lee S H, Chan C S, Wilkin P, et al. Deep-plant: Plant identification with convolutional neural networks[C]//2015 IEEE international conference on image processing (ICIP). IEEE, 2015: 452-456.

[96] Pound M P, Atkinson J A, Townsend A J, et al. Deep machine learning provides state-of-the-art performance in image-based plant phenotyping[J]. Gigascience, 2017, 6 (10): gix083.

[97] Grinblat G L, Uzal L C, Larese, Mónica G, et al. Deep learning for plant identification using vein morphological patterns[J]. Computers & Electronics in Agriculture, 2016, 127: 418-424.

[98] Kussul N, Lavreniuk M, Skakun S, et al. Deep Learning Classification of Land Cover and Crop Types Using Remote Sensing Data[J]. IEEE Geoscience and Remote Sensing Letters, 2017, 14(5): 778-782.

[99] Mortensen A K, Dyrmann M, Karstoft H, et al. Semantic segmentation of mixed crops using deep convolutional neural network[C]//Proc. of the International Conf. of Agricultural Engineering (CIGR). 2016.

[100] Rußwurm M, Körner M. Multi-temporal land cover classification with long short-term memory neural networks[J]. The International Archives of Photogrammetry, Remote Sensing and Spatial Information Sciences, 2017, 42: 551.

[101] Rebetez J, Satizábal H F, Mota M, et al. Augmenting a convolutional neural network with local histograms-A case study in crop classification from high-resolution UAV imagery[C]//ESANN. 2016.

[102] Xinshao W, Cheng C. Weed seeds classification based on PCANet deep learning baseline[C]//2015 Asia-Pacific Signal and Information Processing Association Annual Summit and Conference (APSIPA). IEEE, 2015: 408-415.

[103] Dyrmann M, Jørgensen R N, Midtiby H S. RoboWeedSupport-Detection of weed locations in leaf occluded cereal crops using a fully convolutional neural network[J]. Adv. Anim. Biosci, 2017, 8(2): 842-847.

[104] Dyrmann M, Karstoft H, Midtiby H S. Plant species classification using deep convolutional neural network[J]. Biosystems Engineering, 2016, 151: 72-80.

[105] Dyrmann M, Mortensen A K, Midtiby H S, et al. Pixel-wise classification of weeds and crops in images by using a fully convolutional neural network[C]//Proceedings of the International Conference on Agricultural Engineering, Aarhus, Denmark. 2016: 26-29.

[106] Sørensen R A, Rasmussen J, Nielsen J, et al. Thistle detection using convolutional neural networks[C]//2017 EFITA WCCA CONGRESS. 2017: 161.

[107] MccoolC, Perez T, Upcroft B. Mixtures of Lightweight Deep Convolutional Neural Networks: Applied to Agricultural Robotics[J]. IEEE Robotics and Automation Letters, 2017, 2(3): 1344-1351.

[108] Milioto A, Lottes P, Stachniss C. Real-time blob-wise sugar beets vs weeds classification for monitoring fields using convolutional neural networks[J]. ISPRS Annals of the Photogrammetry, Remote Sensing and Spatial Information Sciences, 2017, 4: 41.

[109] Potena C, Nardi D, Pretto A. Fast and accurate crop and weed identification with summarized train sets for precision agriculture[C]//The Proceedings of International Conference on Intelligent Autonomous Systems. Springer, Cham, 2016: 105-121.

[110] Chen Y, Lin Z, Zhao X, et al. Deep Learning-Based Classification of Hyperspectral Data[J]. IEEE Journal of Selected Topics in Applied Earth Observations & Remote Sensing, 2014, 7(6): 2094-2107.

[111] Luus F P S, Salmon B P, Van d B F, et al. Multiview deep learning for land-use classification[J]. IEEE Geoscience and Remote Sensing Letters, 2015, 12(12): 1-5.

[112] Lu H, Fu X, Liu C, et al. Cultivated land information extraction in UAV imagery based on deep convolutional neural network and transfer learning[J]. Journal of Mountain Science, 2017, 14(4): 731-741.

[113] Minh D H, Ienco D, Gaetano R, et al. Deep Recurrent Neural Networks for Winter Vegetation Quality Mapping via Multitemporal SAR Sentinel-1[J]. IEEE Geoscience & Remote Sensing Letters, 2018: 1-5.

[114] Kuwata K, Shibasaki R. Estimating crop yields with deep learning and remotely sensed data [C]//2015 IEEE International Geoscience and Remote Sensing Symposium (IGARSS). IEEE, 2015: 858-861.

[115] Sehgal G, Gupta B, Paneri K, et al. Crop planning using stochastic visual optimization [C]//2017 IEEE Visualization in Data Science (VDS). IEEE, 2017: 47-51.

[116] Malhi A, Yan R, Gao R X. Prognosis of Defect Propagation Based on Recurrent Neural Networks[J]. IEEE Transactions on Instrumentation and Measurement, 2011, 60(3): 703-711.

[117] Zhao R, Wang D, Yan R, et al. Machine Health Monitoring Using Local Feature-based Gated Recurrent Unit Networks[J]. IEEE Transactions on Industrial Electronics, 2018, 65(2): 1539-1548.

[118]Zhao R, Yan R, Wang J, et al. Learning to monitor machine health with convolution bi-directional LSTM networks[J]. Sensors, 2017, 17(273): 1-18.

[119]Wu Y, Yuan M, Dong S, et al. Remaining useful life estimation of engineered systems using vanilla LSTM neural networks[J]. Neurocomputing, 2017, 226(5): 853-860.

[120]Malhotra P, Vig L, Shroff G, et al. Long Short Term Memory Networks for Anomaly Detection in Time Series[C]// European Symposium on Artificial Neural Networks. 2015.

[121]Wang P, Gao R X, Yan R. A deep learning-based approach to material removal rate prediction in polishing[J]. CIRP Annals, 2017, 66(1): 429-432.

[122]Jason D, Miao H, David H. Remaining Useful Life Prediction of Hybrid Ceramic Bearings Using an Integrated Deep Learning and Particle Filter Approach[J]. Applied Sciences, 2017, 7(649): 1-17.

[123]Qiu X, Zhang L, Ren Y, et al. Ensemble deep learning for regression and time series forecasting[C]//2014 IEEE symposium on computational intelligence in ensemble learning (CIEL). IEEE, 2014: 1-6.

[124]Zhang W, Duan P, Yang L T, et al. Resource requests prediction in the cloud computing environment with a deep belief network[J]. Software, 2017, 47(3): 473-488.

[125]Hinton G, Deng L, Yu D, et al. Deep neural networks for acoustic modeling in speech recognition: The shared views of four research groups[J]. IEEE Signal Processing Magazine, 2012, 29(6): 82-97.

[126]周志华. 机器学习[M]. 北京: 清华大学出版社, 2016.

[127]Lecun Y, Bottou L. Gradient-based learning applied to document recognition[J]. Proceedings of the IEEE, 1998, 86(11): 2278-2324.

[128]Hinton G E, et al. Reducing the Dimensionality of Data with Neural Networks[J]. Science, 2006, 313(5786): 504-507.

[129]Salakhutdinov R, Hinton G E. Deep Boltzmann Machines[J]. Journal of Machine Learning Research, 2009, 5(2): 448-455.

[130]Rumelhart D E, Hinton G E, Williams R J. Learning representations by back-propagating errors[J]. Nature, 1986, 323(6088): 533-536.

[131]Vincent P, Larochelle H, Lajoie I, et al. Stacked Denoising Autoencoders: Learning Useful Representations in a Deep Network with a Local Denoising Criterion[J]. Journal of Machine Learning Research, 2010, 11(12): 3371-3408.

[132]Ranzato M, Poultney C, Chopra S, et al. Efficient Learning of Sparse Representations

with an Energy-Based Model[C]// Advances in Neural Information Processing Systems (NIPS 2006). 2006: 1137-1144.

[133] Ranzato M, Boureau Y L, Lecun Y. Sparse feature learning for deep belief networks [J]. Advances in Neural Information Processing Systems, 2008, 20: 1185-1192.

[134] Aidin H, Arto K, Tuomo K. Unsupervised Multi-manifold Classification of Hyperspectral Remote Sensing Images with Contractive Autoencoder [J]. Neurocomputing, 2017, 257: 67-78.

[135] Nemirovski A, Juditsky A, Lan G, et al. Robust stochastic approximation approach to stochastic programming[J]. SIAM Journal on Optimization, 2009, 19(4): 1574-1609.

[136] Bottou L. Large-scale machine learning with stochastic gradient descent [M]// Proceedings of COMPSTAT'2010. Physica-Verlag HD, 2010: 177-186.

[137] Duchi J, Hazan E, Singer Y. Adaptive subgradient methods for online learning and stochastic optimization[J]. Journal of Machine Learning Research, 2011, 12(7): 257-269.

[138] Chawla N V, Bowyer K W, Hall L O, et al. SMOTE: synthetic minority over-sampling technique[J]. Journal of Artificial Intelligence Research, 2002, 16(1): 321-357.

[139] Han H, Wang W, Mao B. Borderline-SMOTE: a new over-sampling method in imbalanced data sets learning [C]//Proceedings of International Conference on Intelligent Computing. Hefei, China, 2005: 878-887.

[140] Bunkhumpornpat C, Sinapiromsaran K, Lursinsap C. Safe-level-SMOTE: safe-level-synthetic minority over-sampling TEchnique for handling the class imbalanced problem [C]//Proceedings of the 13th Pacific- Asia Conference on Knowledge Discovery and Data Mining. Bangkok, Thailand, 2009: 475-482.

[141] He Haibo, Bai Yang, Garcia E A, et al. ADASYN: adaptive synthetic sampling approach for imbalanced learning[C]//Proceedings of 2008 IEEE International Joint Conference on Neural Networks. Hong Kong, China, 2008: 1322-1328.

[142] Zhu Tuanfai, Lin Yaping, Liu Yonghe. Synthetic minority oversampling technique for multiclass imbalance problems[J]. Pattern recognition, 2017, 72: 327-340.

[143] Douzas G, Bacao F. Geometric SMOTE a geometrically enhanced drop-in replacement for SMOTE[J]. Information sciences, 2019, 501: 118-135.

[144] Barua S, Islam M M, Yao X, et al. MWMOTE—Majority Weighted Minority Oversampling Technique for Imbalanced Data Set Learning[J]. IEEE Transactions on Knowledge & Data Engineering, 2014, 26(2): 405-425.

[145] Zhang Y, Li X, Gao L, et al. Imbalanced data fault diagnosis of rotating machinery

using synthetic oversampling and feature learning［J］. Journal of Manufacturing Systems, 2018, 48(Part C): 34-50.

［146］Kanungo T, Mount D M, Netanyahu N S, et al. An efficient k-means clustering algorithm: analysis and implementation［J］. IEEE Transactions on Pattern Analysis & Machine Intelligence, 2002, 24(7): 0-892.

［147］Dataset: http://archive. ics. uci. edu/ml/index. php.

［148］Liu X Y, Wu J, Zhou Z H. Exploratory Undersampling for Class-Imbalance Learning ［J］. IEEE Transactions on Cybernetics, 2009, 39(2): 539-550.

［149］Lim P, Goh C K, Tan K C. Evolutionary Cluster-Based Synthetic Oversampling Ensemble (ECO-Ensemble) for Imbalance Learning［J］. IEEE Transactions on Cybernetics, 2016: 1-12.

［150］Galar M. A Review on Ensembles for the Class Imbalance Problem: Bagging-, Boosting-, and Hybrid-Based Approaches［J］. IEEE Transactions on Systems, Man, and Cybernetics, Part C: Applications and Reviews, 2012, 42(4): 463-484.

［151］Wen L, Gao L, Li X. A New Deep Transfer Learning Based on Sparse Auto-Encoder for Fault Diagnosis［J］. IEEE Transactions on Systems Man & Cybernetics Systems, 2017: 1-9.

［152］Lei Y, Jia F, Lin J, et al. An intelligent fault diagnosis method using unsupervised feature learning towards mechanical big data［J］. IEEE Transactions on Industrial Electronics, 2016: 1-1.

［153］Santos P, Maudes, Jesús, Bustillo A. Identifying maximum imbalance in datasets for fault diagnosis of gearboxes［J］. Journal of Intelligent Manufacturing, 2015: 1-19.

［154］Mohanty S P, Hughes D P, Marcel S. Using deep learning for image-based plant disease detection［J］. Frontiers in Plant Science, 2016, 7(1419): 1-10.

［155］Krizhevsky A, Sutskever I, Hinton G E. ImageNet Classification with Deep Convolutional Neural Networks［J］. Communications of the ACM, 2017, 60(6): 84-90.

［156］Bargoti S, Underwood J. Deep fruit detection in orchards［C］//The Proceedings of IEEE International Conference on Robotics & Automation. IEEE, 2017.

［157］Tanner M A, Wong W H. The Calculation of Posterior Distributions by Data Augmentation［J］. Journal of the American Statistical Association, 1987, 82(398): 528-540.

［158］焦李成, 孙强. 多尺度变换域图像的感知与识别: 进展和展望［J］. 计算机学报, 2006(2): 3-19.

［159］王涛，胡事民，孙家广. 基于颜色-空间特征的图像检索［J］. 软件学报，2002
（10）：134-139.

［160］Rublee E, Rabaud V, Konolige K, et al. ORB: An efficient alternative to SIFT or
SURF［C］// International Conference on Computer Vision (ICCV). IEEE, 2012.

［161］Wang X, Han T X, Yan S. An HOG-LBP human detector with partial occlusion
handling［C］// IEEE International Conference on Computer Vision (ICCV). IEEE,
2009.

［162］Salehinejad H, Valaee S, Dowdell T, et al. Image Augmentation using Radial
Transform for Training Deep Neural, Networks ［J］. Proceedings Icassp IEEE
International Conference on Acoustics Speech & Signal Processing, 2018: 3016-3020.

［163］Szegedy C. Going deeper with convolutions ［C］// Proceedings of the 2015 IEEE
Conference on Computer Vision and Pattern Recognition (CVPR). 2015: 1-9.

［164］Simard P, Steinkraus D, Platt J C. Best Practices for Convolutional Neural Networks
Applied to Visual Document Analysis ［C］// International Conference on Document
Analysis & Recognition. IEEE Computer Society, 2003.

［165］Goodfellow I J, Pouoget-Abadie J, Mirza M, et al. Generative Adversarial Nets［C］//
Proceedings of the 27th International Conference on Neural Information Processing
Systems. 2014: 2672-2680.

［166］Radford A, Metz L, Chintala S. Unsupervised representation learning with deep
convolutional generative adversarial networks［J］. arXiv preprint arXiv: 1511. 06434,
2015.

［167］Huang S W, Lin C T, Chen S P, et al. AugGAN: Cross Domain Adaptation with
GAN-based Data Augmentation［C］// ECCV 2018: European Conference on Computer
Vision. 2018.

［168］Girshick R, Donahue J, Darrell T, et al. Rich feature hierarchies for accurate object
detection and semantic segmentation［C］// IEEE Conference on Computer Vision and
Pattern Recognition (CVPR). 2014: 580-587.

［169］He K M, Zhang X Y, Ren S Q, et al. Spatial pyramid pooling in deep convolutional
networks for visual recognition［J］. IEEE Transactions on Pattern Analysis & Machine
Intelligence, 2015, 37(9): 1904-1916.

［170］Girshick R. Fast R-CNN［C］// International Conference on Computer Vision (ICCV).
2015: 1440-1448.

［171］Ren S Q, He K M, Girshick R, et al. Faster R-CNN: towards real-time object
detection with region proposal networks［J］. IEEE Transactions on Pattern Analysis and

Machine Intelligence, 2017, 39(6): 1137-1149.

[172] Redmon J, Divvala S, Girshick R, et al. You only look once: unified, real-time object detection[C]// IEEE Conference on Computer Vision and Pattern Recognition (CVPR). New York, 2016: 779-788.

[173] Redmon J, Farhadi A. YOLO9000: better, faster, stronger[C]// IEEE Conference on Computer Vision and Pattern Recognition. 2017: 101-110.

[174] Liu W, Anguelov D, Erhan D, et al. SSD: single shot multibox detector[C]// European Conference on Computer Vision (ECCV). 2016: 21-37.

[175] Zeiler M D, Fergus R. Visualizing and Understanding Convolutional Networks[C]// European Conference on Computer Vision. Springer, Cham, 2014.

[176] Pan S J, Yang Q. A survey on transfer learning[J]. IEEE Transactions on Knowledge and Data Engineering, 2009, 22(10): 1345-1359.

[177] Iandola F N, Han S, Moskewicz M W, et al. SqueezeNet: AlexNet-level accuracy with 50x fewer parameters and < 0.5 MB model size [J]. arXiv preprint arXiv: 1602. 07360, 2016.

[178] Szegedy C, Vanhoucke V, Ioffe S, et al. Rethinking the Inception Architecture for Computer Vision[C]// Proceedings of the 2016 IEEE Conference on Computer Vision and Pattern Recognition (CVPR). 2016: 2818-2826.

[179] Simonyan K, Zisserman A. Very deep convolutional networks for large-scale image recognition[J]. arXiv preprint arXiv: 1409. 1556, 2014.

[180] He K, Zhang X, Ren S, et al. Deep residual learning for image recognition[C]// Proceedings of the IEEE Conference on Computer Vision and Pattern Recognition (CVPR). 2016: 770-778.

[181] Jia Y, Shelhamer E, Donahue J, et al. Caffe: Convolutional architecture for fast feature embedding [C]//Proceedings of the 22nd ACM international conference on Multimedia. 2014: 675-678.

[182] Gan J, Li Q, Wang J, et al. A hierarchical extractor-based visual rail surface inspection system[J]. IEEE Sensors Journal, 2017, 17(23): 7935-7944.

[183] Xu X, Zheng H, Guo Z, et al. SDD-CNN: Small Data-Driven Convolution Neural Networks for Subtle Roller Defect Inspection[J]. Applied Sciences, 2019, 9(7).

[184] Laurens V D M, Hinton G. Visualizing Data using t-SNE [J]. Journal of Machine Learning Research, 2008, 9(2605): 2579-2605.

[185] Laurens V D M. Accelerating t-SNE using tree-based algorithms[J]. Journal of Machine Learning Research, 2014, 15: 3221-3245.

[186] Deng Z, Sun H, Zhou S, et al. Multi-scale object detection in remote sensing imagery with convolutional neural networks[J]. ISPRS Journal of Photogrammetry & Remote Sensing, 2018, 145PA(NOV.): 3-22.

[187] Mery D, Riffo V, Zscherpel U, et al. GDXray: The Database of X-ray Images for Nondestructive Testing[J]. Journal of Nondestructive Evaluation, 2015, 34(4): 42.

[188] Huang Y, Qiu C, Guo Y, et al. Surface Defect Saliency of Magnetic Tile[J]. IEEE Transactions on Automation Science and Engineering, 2018(5).

[189] Luo W, Li Y, Urtasun R, et al. Understanding the effective receptive field in deep convolutional neural networks[C]//Advances in neural information processing systems, 2016: 4898-4906.

[190] Tang C, Sheng L, Zhang Z, et al. Improving Pedestrian Attribute Recognition With Weakly-Supervised Multi-Scale Attribute-Specific Localization[C]//Proceedings of the IEEE International Conference on Computer Vision (ICCV). 2019: 4997-5006.

[191] Kim Y, Kang B N, Kim D. San: Learning relationship between convolutional features for multi-scale object detection[C]//Proceedings of the European Conference on Computer Vision (ECCV). 2018: 316-331.

[192] Shang W, Sohn K, Almeida D, et al. Understanding and improving convolutional neural networks via concatenated rectified linear units[C]//international conference on machine learning, 2016: 2217-2225.

[193] Kong T, Yao A, Chen Y, et al. Hypernet: Towards accurate region proposal generation and joint object detection[C]//Proceedings of the IEEE Conference on Computer Vision and Pattern Recognition (CVPR). 2016: 845-853.

[194] Wei B, Hao K, Gao L, et al. Bio-Inspired Visual Integrated Model for Multi-Label Classification of Textile Defect Images[J]. IEEE Transactions on Cognitive and Developmental Systems, 2020(99): 1-1.

[195] Zhang L, et al. Convolutional Neural Network Based Multi-label Classification of PCB Defects[J]. Journal of Engineering, 2018, 16: 1612-1616.

[196] 刘阳. 多标签数据分类技术研究[D]. 西安: 西安电子科技大学, 2019.

[197] Gong Y, Jia Y, Leung T, et al. Deep convolutional ranking for multilabel image annotation[J]. arXiv preprint arXiv: 1312.4894, 2013.

[198] Wei Y, Xia W, Huang J, et al. Cnn: Single-label to multi-label[J]. arXiv preprint arXiv: 1406.5726, 2014.

[199] Wang J, Yang Y, Mao J, et al. Cnn-rnn: A unified framework for multi-label image classification[C]//Proceedings of the IEEE Conference on Computer Vision and Pattern

Recognition (CVPR). Las Vegas, Nevada, 2016: 2285-2294.

[200] Zhang J, Wu Q, Shen C, et al. Multilabel image classification with regional latent semantic dependencies[J]. IEEE Transactions on Multimedia, 2018, 20(10): 2801-2813.

[201] Wang Z, Chen T, Li G, et al. Multi-label image recognition by recurrently discovering attentional regions[C]//Proceedings of the IEEE International Conference on Computer Vision (ICCV). Venice, Italy, 2017: 464-472.

[202] Chen T, Wang Z, Li G, et al. Recurrent attentional reinforcement learning for multi-label image recognition[C]//Thirty-Second AAAI Conference on Artificial Intelligence. New Orleans, Louisiana, USA. 2018 April.

[203] Gers FA, Schmidhuber, Jürgen, Cummins F. Learning to Forget: Continual Prediction with LSTM[J]. Neural Computation, 2000, 12(10): 2451-2471.

[204] Mnih V, Heess N, Graves A. Recurrent models of visual attention[C]//Advances in neural information processing systems. 2014: 2204-2212.

[205] Bahdanau D, Cho K, Bengio Y. Neural machine translation by jointly learning to align and translate[J]. arXiv preprint arXiv: 1409. 0473, 2014.

[206] Vaswani A, Shazeer N, Parmar N, et al. Attention is all you need[C]//Advances in neural information processing systems. 2017: 5998-6008.

[207] Yan Z, Liu W, Wen S, et al. Multi-label image classification by feature attention network[J]. IEEE Access, 2019, 7: 98005-98013.

[208] Hua Y, Mou L, Zhu X X. Multi-label Aerial Image Classification using A Bidirectional Class-wise Attention Network[C]//2019 Joint Urban Remote Sensing Event (JURSE). IEEE, 2019: 1-4.

[209] Guo H, Zheng K, Fan X, et al. Visual attention consistency under image transforms for multi-label image classification [C]//Proceedings of the IEEE Conference on Computer Vision and Pattern Recognition (CVPR). 2019: 729-739.

[210] Chen T, Xu M, Hui X, et al. Learning semantic-specific graph representation for multi-label image recognition[C]//Proceedings of the IEEE International Conference on Computer Vision (ICCV). 2019: 522-531.

[211] Chu H M, Yeh C K, Frank Wang Y C. Deep generative models for weakly-supervised multi-label classification [C]//Proceedings of the European Conference on Computer Vision (ECCV). 2018: 400-415.

[212] Alfassy A, Karlinsky L, Aides A, et al. Laso: Label-set operations networks for multi-label few-shot learning[C]//Proceedings of the IEEE Conference on Computer Vision

and Pattern Recognition (CVPR). 2019: 6548-6557.

[213] Durand T, Mehrasa N, Mori G. Learning a deep convnet for multi-label classification with partial labels [C]//Proceedings of the IEEE Conference on Computer Vision and Pattern Recognition (CVPR). 2019: 647-657.

[214] Hu J, Shen L, Sun G. Squeeze-and-excitation networks [C]//Proceedings of the IEEE Conference on Computer Vision and Pattern Recognition (CVPR). 2018: 7132-7141.

[215] Hu H, Gu J, Zhang Z, et al. Relation networks for object detection [C]//Proceedings of the IEEE Conference on Computer Vision and Pattern Recognition. 2018: 3588-3597.

[216] 江迪. 基于深度学习的多标签图像分类方法研究 [D]. 合肥: 合肥工业大学, 2019.

[217] Mundt M, Majumder S, Murali S, et al. Meta-learning convolutional neural architectures for multi-target concrete defect classification with the Concrete DEfect BRidge IMage dataset [C]//Proceedings of the IEEE Conference on Computer Vision and Pattern Recognition. 2019: 11196-11205.

[218] Zhang M L, Zhou Z H. A review on multi-label learning algorithms [J]. IEEE Transactions on Knowledge and Data Engineering, 2013, 26(8): 1819-1837.